国家中职示范校机电类专业
优质核心专业课程系列教材
西安技师学院国家中职示范校建设成果

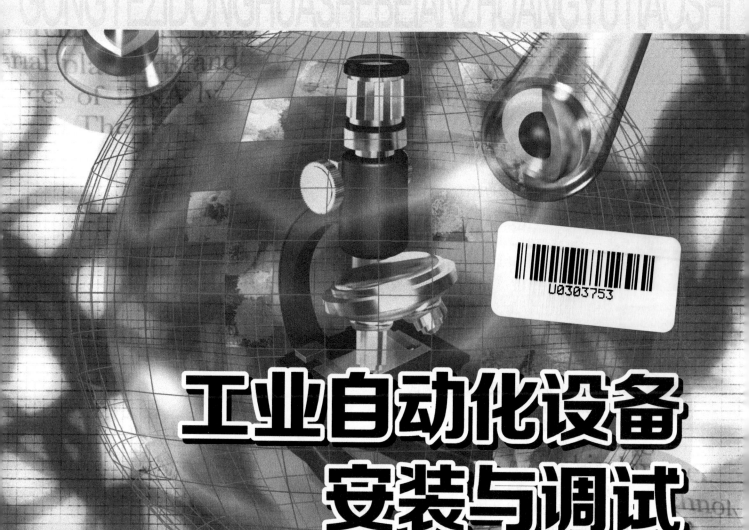

工业自动化设备 安装与调试

◎ 主　　编　门新会
◎ 副主编　吕国贤　李　博
◎ 参　　编　马凤凤　孙智超
◎ 主　　审　郑　军

西安交通大学出版社
XI'AN JIAOTONG UNIVERSITY PRESS

内容提要

本书以工业自动化领域中典型的自动化设备为载体,按照"任务引领,工作过程导向"的职业教育教学理念,设置了认识生活中的自动控制系统、电梯控制系统的安装与调试、机械手控制系统的安装与调试、带式输送机控制系统的安装与调试、恒压供水控制系统的安装与调试共5个学习任务。为围绕工业自动化设备控制系统原理图的识读与设计,电路的安装与连接,程序的编写与运行,设备的安装、调试与验收等,本书整合了工业自动化设备安装与调试所涉及的专业知识和技能、职业岗位的工作过程知识等,规划了10个学习项目,让读者在完成工作任务的过程中,学会工业自动化设备的安装与调试。

本书可作为中等职业学校电气技术维修类、机电技术类和电子技术类专业的学习材料,也可供高等职业学校相关专业学生、自动控制设备安装与调试或机电设备安装与调试的工程技术人员参考。

图书在版编目(CIP)数据

工业自动化设备安装与调试/ 门新会主编.—西安:西安交通大学出版社,2013.10(2021.8重印)

ISBN 978-7-5605-5342-9

Ⅰ.①工… Ⅱ.①门… Ⅲ.①自动化设备—安装—中等专业学校—教材②自动化设备—调试方法—中等专业学校—教材Ⅳ.①TP23

中国版本图书馆 CIP 数据核字(2013)第131269号

书　　名	工业自动化设备安装与调试	
主　　编	门新会	
副 主 编	吕国贤　李　博	
策划编辑	曹　昳	
责任编辑	李慧娜　毛　帆	
出版发行	西安交通大学出版社	
	（西安市兴庆南路1号　邮政编码710048）	
网　　址	http://www.xjtupress.com	
电　　话	（029）82668357　82667874（发行中心）	
	（029）82668315（总编办）	
传　　真	（029）82668280	
印　　刷	西安五星印刷有限公司	
开　　本	880mm×1230mm　1/16　印张 20.125　字数 382千字	
版次印次	2013年10月第1版　2021年8月第3次印刷	
书　　号	ISBN 978-7-5605-5342-9	
定　　价	39.00元	

读者购书、书店添货,如发现印装质量问题,请与本社发行中心联系、调换。

订购热线：（029）82665248　（029）82665249

投稿热线：（029）82668254　QQ：8377981

读者信箱：lg_book@163.com

P 前 言
Preface

　　本书是依据国家中等职业教育改革发展示范学校建设本校开发的《工业自动化设备安装与调试》的课程标准编写的，在编写过程中充分考虑了中等职业学校学生的认知特点及学生职业能力形成的规律，故本书适合于参与式或互动式的学习模式。本书编写的思路如下：

　　1．用"以项目为载体，任务引领，工作过程为导向"的职业教育教学理念。在认真分析典型载体所传达的实际生产信息后，我们尽量还原了这些信息所加载的职业情景，按职业岗位的真实情况规划学习项目，可以为学生创设真实的职业情景，加快学生与工业自动化设备安装调试工程技术人员之间的角色转换，有利于学生职业能力的形成。

　　2．职业能力的形成与系统的学科知识相关程度不大，而与完成工作任务的工作过程知识的相关程度较大。在设计的工作任务中，整合专业知识和工作过程知识的学习，整合专业技能的训练。在每一个工作任务中，用工作任务表达学生需要做的事情及其要求，让学生明确"做什么、学什么"。在相关知识中，介绍完成指定的工作任务涉及的专业知识和工作过程知识。在任务实施中，以知识链接、温馨提示、知识回顾、资料查询等提示，引导学生完成工作任务。

　　3．符合学生的认知心理和认知特点。为了让学生规范、有序地学习和掌握工业自动化设备安装与调试的能力，按照由简单到复杂，由一般功能到特殊功能的循序渐进的原则组织学习项目和规划工作任务，让学生一步一步地向全面掌握工业自动化设备安装与调试技术前进，形成和提升学生的职业能力。

　　本书由门新会任主编，吕国贤、李博任副主编。本书由马凤凤编写学习任务一、学习任务三的项目一，李博编写学习任务二，吕国贤编写学习任务三的项目二，门新会编写学习任务四，孙智超编写学习任务五。全书由门新会统稿并作修改，由西安西电开关有限公司郑军主审。

　　本书在编写过程中，得到了西安咸阳国际机场、日立永济电气设备（西安）有限公司、深圳大众物业管理有限公司等的支持，得到了冯小平、张琳娜、高德龙、赵鹏等专家的指导，在此一并表示感谢。

　　限于编者的水平和编写时间仓促，书中难免存在疏漏和不足，恳请读者和使用本书的师生批评指正。

编者

2013年9月　陕西·西安

C目录
Contents

认识生活中的自动控制系统

提起自动化控制系统，许多人往往认为这是深奥莫测的。其实，人体就是具有自动化控制过程的活动体。当你骑上自行车时，用眼睛来辨别前进方向，用耳朵来监听周围的情况，用双脚不停地踩动踏板使车前进，而双手不停地把握着车头的方向，以防走偏，这就是一个自动化控制带反馈的系统。遇到红灯，大脑会指挥双手紧急刹车，双脚停踏。骑车人依靠眼睛、耳朵对信号的接收，依靠大脑的思考判断，依靠手对动作的执行，才完成了一个很默契的自动过程。而我们所说的自动化技术，则是指利用仪表和自动装置来代替人的体力劳动，是实现某些非创造性或创造性劳动的一种高技术。例如：我们用的手机、电视、电脑，甚至面包机和削苹果机等等，这些都是人们司空见惯的，其中的自动化技术却妙用在生活应用的各个方面。

那么你知道生活中有哪些自动控制设备吗？

当然啦，请看……

家用电压力锅　　　　　养鱼池塘水位控制装置　　　　　电动缝纫机　　　　　酒店自动门

图1-1　生活中的自动控制设备

自动化及自动控制系统

自动化（automation）是指机器设备、系统或过程（生产、管理过程）在没有人或较少人的直接参与下，按照人的要求，经过自动检测、信息处理、分析判断、操纵控制，实现预期的目标的过程。自动化技术广泛用于工业、农业、军事、科学研究、交通运输、商业、医疗、服务和家庭等方面。采用自动化技术不仅可以把人从繁重的体力劳动、部分脑力劳动以及恶劣、危险的工作环境中解放出来，而且能扩展人的器官功能，极大地提高劳动生产率，增强人类认识世界和改造世界的能力。

自动控制系统（automatic control systems）是指能够完成自动控制任务的设备，是在无人直接参与下可使生产过程或其他过程按期望规律或预定程序进行的控制系统。自动控制系统是实现自动化的主要手段，一般由控制装置和被控对象组成。控制装置必须具备三个方面的职能，即测量装置、比较装置和执行装置。它们的作用分别是：测量装置是用以测量被控量或干扰量；比较装置是将被控量与给定值进行比较；执行装置是根据比较后的偏差量产生执行作业去操纵被控对象。

自动控制系统分类

自动控制系统有多种分类方法，常见的有以下两种分类方式：

（1）按信号传递路径，可分为开环控制系统和闭环控制系统；

（2）按给定信号分类，可分为恒值控制系统、随动控制系统和程序控制系统。

本项目主要介绍开环控制系统和闭环控制系统的相关知识。

开环控制系统

在开环控制系统中，系统输出只受输入的控制，控制精度和抑制干扰的特性都比较差。优点是结构简单，成本低廉，主要应用于系统结构参数稳定和扰动信号较弱的场合，如普通电热水壶、普通台灯、普通电磁炉、自动售货机、自动报警器、自动流水线等。

一般的开环控制可以用框图1-2来表示。

图1-2　开环控制系统图框

例如：如图1-3所示的家用脚踏缝纫机，操作人员控制脚踏板的力度，通过脚蹬、曲柄、链轮、中轴、链条一系列的机械传动机构使缝纫机工作，脚踏板的力度不同，缝纫机的速度就会不同。其控制系统如图框1-4所示。

图1-3　家用脚踏缝纫机

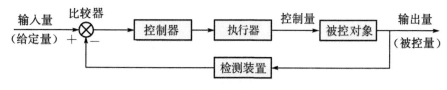

图1-4　缝纫机速度控制系统图框

闭环控制系统

闭环控制系统是建立在反馈原理基础之上的，利用输出量同期望值的偏差对系统进行控制，可获得比较好的控制性能。闭环控制系统又称反馈控制系统。反馈按反馈极性的不同分成正反馈和负反馈两种形式。我们所讲述的反馈系统如果无特殊说明，一般都指负反馈。闭环控制系统的优点是能消弱或抑制干扰，结构较复杂，成本比开环控制系统高，主要应用小到日常生活中的家用电火锅、电饭煲、空调、智能电热水壶等，大到工业控制中的数控机床控制系统、机器人技术、火箭系统等。

一般的闭环控制可以用1-5的框图来表示。

输入量　比较器　　　　　　　　　　　　　　控制量　　　　　　　　输出量
（给定量）　⊗——→　控制器　→　执行器　————→　被控对象　——→（被控量）
　　　　＋　　－
　　　　　　　　　　　　　　检测装置

图1-5　闭环控制系统图框

例如：如图1-6所示电火锅，当发热盘加热内锅到预定温度时，温控开关动作，切断发热盘的电源，使发热盘停止发热，此时内锅依靠本身及发热盘的余热保温，表示处于保温状态。过一段时间之后，余热温度渐渐降至温控开关动作温度值，此时温控开关又自动闭合，发热盘重新开始加热内锅，如此循环，便实现了自动调温的目的。其控制系统框图如图1-7所示。

图1-6　家用电火锅

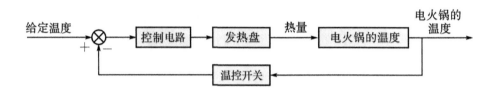

图1-7 家用电火锅控制系统图框

 **自动控制系统的控制方法**

自动控制系统的控制方法很多，比较常见的有PID控制器、模糊逻辑控制器、仿人智能控制、专家控制系统等，实现的方法一般采用PLC控制、单片机控制、嵌入式计算机控制、模拟电路控制、DDC控制、DCS控制等。

知识链接

自动控制系统的控制方式根据系统要求的不同而不同，本书介绍的典型工业自动化设备主要是采用PLC的控制方式，PLC控制方式的具体应用请参考学习任务一的项目二。各种控制方式的特点及不同，请浏览网址：

http://zhidao.baidu.com/link?url=IuTaEqOTYBR24fxxCMnNL26piwSb7TpKOagb MRIYovs8nFdAZj1w3HLCInbH_jaAyQdtqSwXnL7ty5Xmo5h1Ma　现代自动控制的基本方法

http://wenku.baidu.com/view/4ac90c85d4d8d15abe234ed4.html PLC、DDC、DCS、单片机等几种控制方式的不同

在以上众多的自动控制系统中，虽然各种系统的控制技术要求不同，精度不同，但其基本的控制原理基本相同，故我们选取了生活中比较常见的池塘水位控制系统和小车运料控制系统两个简单的例子，通过对它们的学习，使我们掌握自动控制系统的控制原理及自动控制装置安装与调试的一般方法和步骤。

项目1 池塘水位控制系统

来了解一下任务吧！

某养殖厂需要新建一个自动控制水位的小型池塘。此养殖厂维修部门的组长已经设计好了整个自动控制系统，维修人员已经按照设计的图纸安装好了自动控制系统的机械部分，现需要电气维修人员在2天内完成电气控制系统的安装和调试，保证此池塘水位的正常运行。

接受任务

这是上级部门给我们的工作任务单！

表1-1　工作任务单

工作地点		工　　时	16 h	任务接受部门	电气维修部门
下发部门		下发时间		完 成 时 间	

池塘水位控制系统的工作内容	备注
按照设计的电气原理图，完成池塘水位电气控制系统的安装与调试，完工后交部门验收，并提供相关资料。具体工作如下： （1）绘制池塘水位电气布局图、电气安装接线图。 （2）安装池塘水位电路。 （3）完成池塘水位电气系统的调试运行，以满足系统的控制要求。 （4）提供相关资料。	

池塘水位控制系统的功能	备注
图1-8为此池塘水位控制的示意图，池塘最大储水量为20升，注水量为3吨／小时的流量，注水端开关为电磁阀自动控制，出水端为水龙头手动控制。液位高低由浮球传感器来控制。 图1-8　池塘水位控制的示意图	

池塘水位控制系统的控制要求	备注
系统正常启停： 　　该池塘水位控制系统有一开关，合上开关，系统正常工作，断开时，系统停止，用于调试设备和换水的情况下。 　　当浮子检测到池塘的水位低于图1-8中低水位L液面的位置时，电磁阀门打开自来水注入，当水位到达高水位H液面时自动关闭电磁阀门，停止注水。 　　系统紧急停止： 　　在池塘水位控制旁设置紧急停止按钮，遇突发情况时或启停开关失灵时，按下急停开关，使整个控制系统立即停止运行。	

序号	池塘水位控制系统的技术参数	数量
1	控制装置：电磁阀节流口径4 mm，注水量2.6~4 吨／小时	1个
2	检测装置：浮球液位控制器	1个

貌似不难，可我不知道浮球是什么呀？

哈哈……我知道，让我来告诉你吧！

相关知识学习

一、认识浮球传感器

科学仅仅是在人们懂得了测量才开始的。

——门捷列夫

"没有传感器就没有现代科学技术"的观点已为全世界所公认。以传感器为核心的检测系统就像神经和感官一样，源源不断地向人类提供宏观与微观世界的种种信息，成为人们认识自然、改造自然的有利工具。

所以认识浮球之前我们得先来认识传感器！

人们为了从外界获取信息，必须借助于感觉器官，而单靠人们自身的感觉器官，在研究自然现象和规律以及生产活动中它们的功能就远远不够了。为适应这种情况就需要传感器。因此可以说，传感器是人类五官的延长，故称之为电五官。图1-9为传感器的功能与人类五大感觉器官相比拟的图。

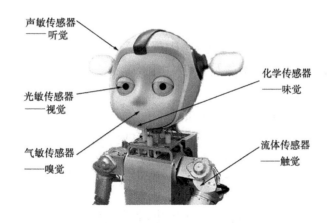

图1-9　传感器的功能与人类五大感觉器官相比拟

所以得出传感器的定义是："能感受规定的被测量件并按照一定的规律转换成可用信号的器件或装置，通常由敏感元件和转换元件组成"。其工作原理如图1-10所示。

$$非电学量 \rightarrow 敏感元件 \rightarrow 转换器件 \rightarrow 转换电路 \rightarrow 电学量$$

图1-10　传感器工作原理图框

传感器分类方法有很多种，按用途可分为压力传感器、力敏传感器、位置传感器、液位传感器、速度传感器、加速度传感器、射线辐射传感器和热敏传感器等。传感器按输出信号分为模拟传感器、数字传感器和开关传感器。

传感器技术广泛应用于生活中，例如声控灯、探测仪等，有关传感器的更多知识请参阅以下网址：

http：// wenku.baidu.com / view / 9de9c1a6dd3383c4bb4cd296.html　传感器的应用

http：// wenku.baidu.com / view / 2b06f23fee06eff9aef807cd.html　传感器的应用

下面我们主要来了解一下液位传感器吧！

液位传感器

液位传感器是传感器中常见的一种，主要用来检测液位的高低，可以分为浮球式液位传感器、浮筒式液位传感器和静压式液位传感器三种。

1.浮球式液位传感器

浮球式液位传感器如图1-11所示，由磁性浮球、测量导管、信号单元、电子单元、接线盒及安装件组成。

图1-11　浮球式液位传感器

一般磁性浮球的比重小于0.5，可漂于液面之上并沿测量导管上下移动。导管内装有测量元件，它可以在外磁作用下将被测液位信号转换成正比于液位变化的电阻信号，并将电子单元转换成4～20 mA或其他标准信号输出。该传感器为模块电路，具有耐酸、防潮、防震、防腐蚀等优点，图1-11电路内部含有恒流反馈电路和内保护电路，可使输出最大电流不超过28 mA，因而能够可靠地保护电源并使仪表不被二次损坏。

2.浮筒式液位传感器

浮筒式液位传感器是将磁性浮球改为浮筒，它是根据阿基米德浮力原理设计的。浮筒式液位传感器是利用微小的金属膜应变传感技术来测量液体的液位、界位或密度的。它在工作时可以通过现场按键来进行常规的设定操作。

3.静压式液位传感器

如图1-12所示为静压式液位传感器，传感器利用液体静压力的测量原理工作。它一般选用硅压力测压传感器将测量到的压力转换成电信号，再经放大电路放大和补偿电路补偿，最后以4～20 mA或0～10 mA电流方式输出。

图1-12　静压式液位传感器

思考一下吧：

（1）电磁阀是常见的自动化执行设备。电磁阀是用来控制_____的自动化基础元件，属于执行器，不限于液压控制、气动控制。

（2）两位三通双控电磁阀的图形符号和文字符号各是_____。

我都知道了，我们可以开始啦！

好的，可是从哪下手呢？

制定工作计划和方案

温馨提示：

写好工作计划四大要素

（1）工作内容：做什么（What）——工作目标、任务。计划应规定出在一定时间内所完成的目标、任务和应达到要求。任务和要求应该具体明确，有的还要定出数量、质量和时间要求。

（2）工作方法：怎么做（How）——采取措施、策略。要明确何时实现目标和完成任务，就必须制定出相应的措施和办法，这是实现计划的保证。

（3）工作分工：谁来做（Who）——工作负责。这是指执行计划的工作程序和时间安排。每项任务，在完成过程中都有阶段性，而每个阶段又有许多环节，它们之间常常是互相交错的。

（4）工作进度：什么时间做（When）——完成期限。

根据图1-13的流程图和制定计划的方法，我们来制定本任务的工作计划，并填入表1-2中。

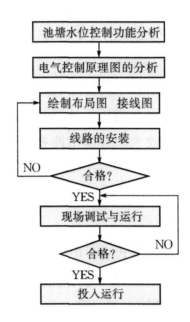

图1-13 池塘水位控制系统安装和调试流程图

表1-2 池塘水位控制系统安装与调试计划表

工作阶段	工作内容	工作周期	备注

温馨提示

复杂项目，系统方案设计后要组织方案评审，这样可避免设计上的缺陷和以后的返工损失。

请把装配用的工具、仪器填入表1-3中！

表1-3　装配用工具、仪器配备清单

编号	工具名称	规格	数量	主要作用
1				
2				
3				
4				
5				
6				
...				

万事俱备，干活了！

那我们就按照计划开始干吧！

⚠ 安全提示：

时刻遵守安全操作规程，养成良好的职业习惯。

任务实施

步骤一 分析池塘水位电气控制系统原理图

分析图1-14池塘水位电气控制系统原理。

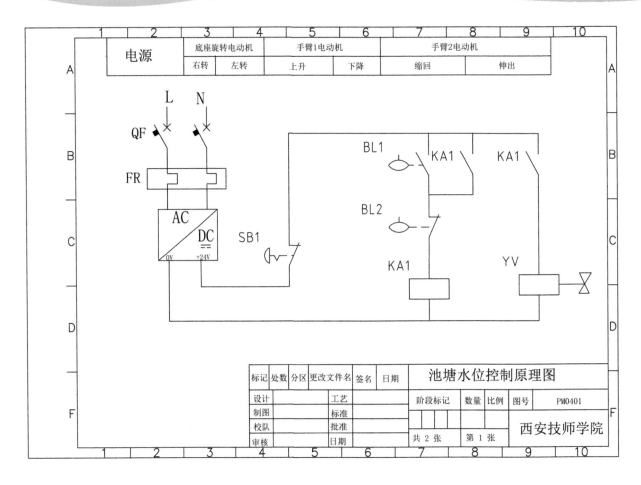

图1-14　池塘水位电气控制原理图

分析电气控制电路图一般方法

分析电气控制系统电路图一般方法是先看主电路，再看辅助电路，如图1-15所示。

（1）看主电路的步骤。

第一步：看清主电路中用电设备。用电设备指消耗电能的用电器具或电气设备，看图首先要看清楚有几个用电器，它们的类别、用途、接线方式及一些不同要求等。

第二步：要弄清楚用电设备是用什么电器元件控制的。控制电气设备的方法很多，有的直接用开关控制，有的用各种启动器控制，有的用接触器控制。

第三步：了解主电路中所用的控制电器及保护电器。前者是指除常规接触器以外的其他控制元件，后者是指短路保护器件及过载保护器件。一般来说，对主电路作做如上内容的分析以后，即可分析辅助电路。

第四步：看电源。要了解电源电压等级，是380 V还是220 V，是从母线汇流排供电还是配电屏供电，还是从发电机组接出来的。

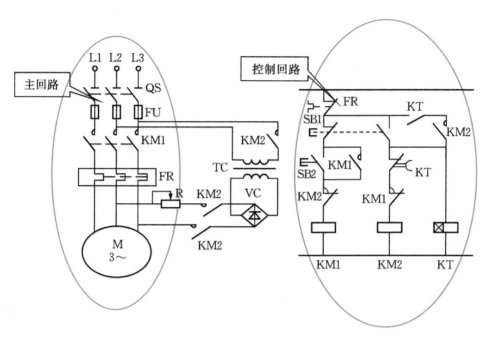

图1-15　电气控制原理图

（2）看辅助电路的步骤。

辅助电路包含控制电路、信号电路和照明电路。根据主电路中各电动机和执行电器的控制要求，逐一找出控制电路中的其他控制环节，将控制线路"化整为零"，按功能不同划分成若干个局部控制线路来进行分析。如果控制线路较复杂，则可先排除照明、显示等与控制关系不密切的电路，以便集中精力进行分析。

**绘制池塘水位电气控制系统布局图**

电气元器件布置图的设计应遵循的原则

（1）必须遵循相关国家标准设计和绘制电器元件布置图。

（2）相同类型的电器元件布置时，应把体积较大和较重的安装在控制柜或面板的下方。

（3）发热的元器件应该安装在控制柜或面板的上方或后方，但热继电器一般安装在接触器的下面，以方便与电机和接触器的连接。

（4）需要经常维护、整定和检修的电器元件、操作开关、监视仪器仪表，其安装位置应高低适宜，以便工作人员操作。

（5）强电、弱电应该分开走线，注意屏蔽层的连接，防止干扰窜入。电器元器件的位置应考虑安装间隙，并尽可能做到整齐、美观。

温馨提示

电磁阀开关、浮球液位传感器的具体安装位置如图1-8所示，将电磁阀开关直接安装于自来水管处，浮球传感器靠池塘右壁安装。控制回路的继电器、启停开关、熔断器等元器件的布局可根据前面学习机电气控制线路布局的经验来绘制。

快来绘制吧！

请在下面的图框中绘制池塘水位电气控制系统布局图！

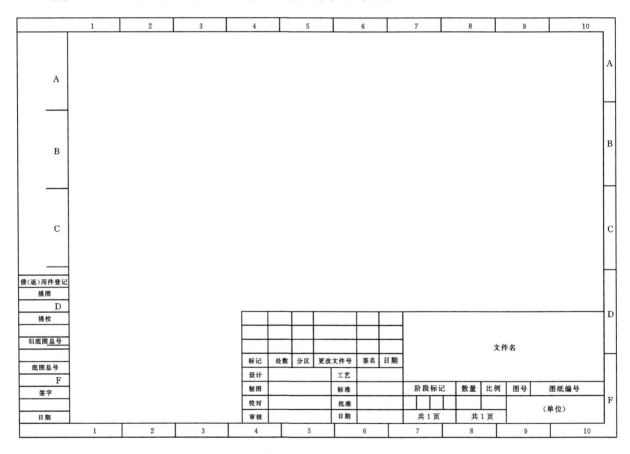

步骤三 绘制池塘水位电气控制系统接线图

绘制一般电气控制装置的接线图的原则

（1）电气接线图中电气元件图形应按实物，依照左右对称、上下对称的原则绘制。

（2）电气接线图所有电器元件，应标注出与电气原理图一致的文字符号，接线端子应标注出与电气原理图一致的接线号。

（3）应清楚地表示出接线关系和接线方向。目前接线图接线方法的画法有两种：第一种是直接接线法，直接画出两个元件之间的连接，此法多用于电路简单、元件少、接线不复杂的电气系统；第二种是间接标注接线法，接线关系采用符号标注，不直接画出两元件之间的连接，此方法多用于电路复杂、元件较多的电气系统。

（4）按规定清楚地标注出配线的不同导线的型号、规格、截面积和颜色。

（5）电气接线图上各电器元件的位置，应按装配图位置绘制，偏差不要太大。

（6）接线板线号排列要清楚，便于查找。

有了这些知识，原理图和布局图，绘制接线图就不是问题啦！

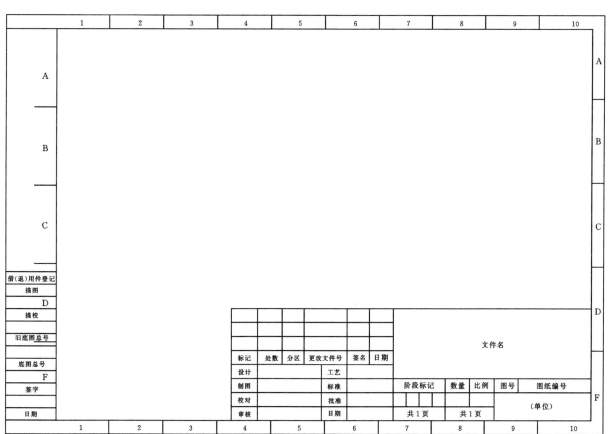

 **步骤四** **安装池塘水位电气控制系统元器件**

1.确定电器元件，并领取元器件

请在表1-4中补充填写池塘水位电气控制系统的元器件。

表1-4 池塘水位电气控制系统的元器件清单

序号	元器件名称	型号及规格	数量	序号	元器件名称	型号及规格	数量
1	浮球液位开关	TEK-1	1个	4			
2	继电器	HH52P	1个	5			
3	电磁阀开关	MIT-UNID-CNS	1个	…			

材料管理员：　　　　　领料人：　　　　　日期：

> 补充需要的元器件！

 **温馨提示**

电磁阀用万用表R×1k挡测量，在测量时如电阻为0时视为短路，如测量值为无穷大时则视为断路。

知识链接

检测完电磁阀开关，让我们来查一查浮球液位传感器如何检测吧！

http：// wenku.baidu.com / view / 5331fd0879563c1ec5da7189.html 浮球液位计

http：// wenku.baidu.com / view / 5244634b336c1eb91a375d45.html 浮球液位计

正确使用和维护方法

2.安装池塘水位控制电气控制系统的元器件

 可以按照图1-16的流程来安装元器件。

知识链接

KEY系列电缆浮球液位开关的安装

如图1-17所示"TEK-1"型浮球控制开关是一个能够调节桶、槽或井中液位的开关。它可自动调节、易于操作、便于安装、安全可靠、免维修、无毒回收可再生

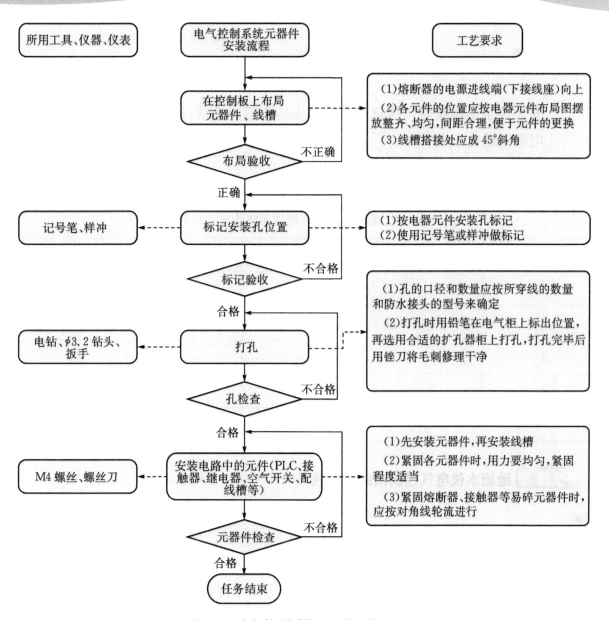

图1-16　电气控制系统元器件安装流程图

的环保型浮球开关，可供水控制和排水控制。它对污水有
抵抗作用，广泛应用于家庭、厂矿等的水池，油、酸和碱
的池、桶、槽、罐等的容器之中。安装时将最上方蓝色的盖
帽固定在池塘内侧，上限位和下限位开关的位置通过在测定管
上下调整后固定在测定管上。

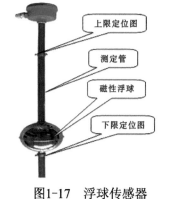

图1-17　浮球传感器

电磁阀的安装

安装进水电磁阀时，建议电磁阀的安装位置距池塘进水口要在0.5 m以上，防止电磁阀过热。

请按照安装步骤填写表1-5。

表1-5　池塘水位电气控制系统的安装步骤

序号	元器件安装步骤	安装中遇到的问题	采取的措施	备注
1				
2				
3				
4				
...				

步骤五　池塘水位电气控制系统的接线

线路之间连接基本要求

（1）连接要接触紧密、稳定性好，接头电阻不得大于同截面、同长度导线电阻的1.2倍。

（2）接头要牢固，其机械强度不小于同截面导线的80%。

（3）接头应耐腐蚀，导线之间焊接时，应防止残余熔剂熔渣的化学腐蚀。

（4）铜、铝导线相接时，应采用铜、铝过渡连接管，并采取措施防止受潮、氧化及铝铜之间产生电化腐蚀。

这个液位传感器如何接线呢？

KEY系列电缆浮球液位开关的接线

（1）供水系统。

如图1-18所示使用"黑色"和"蓝色"的电线：

浮球在下水位时，接点是接通的状态；

浮球在上水位时，接点是不通的状态。

（2）排水系统。

使用"黑色"和"褐色"的电线：

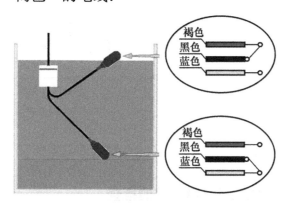

图1-18　KEY系列电缆浮球液位开关的接线图

浮球在上水位时，接点是接通的状态；

浮球在下水位时，接点是不通的状态。

（3）重锤的装置法。

①如图1-19所示，将浮球开关的电线从重锤的中心下凹圆孔处穿入后，轻轻推动重锤，使嵌在圆孔上方的塑胶环因电线头之推力而脱落（如果有必要的话，也可用螺丝刀把此塑胶环拆下），再将这个脱落的塑胶环套在电缆上你所想设定水位的位置。

②轻轻地推动重锤拉出电缆，直到重锤中心扣住塑胶环。重锤只要轻扣在塑胶环中即不会滑落，此塑胶环如有损坏或遗失，可用同轻裸铜线扣入电缆代替。

重锤接线时请将电缆直接拉到控制箱，尽量避免使用中间接头，若不得已而有接头时，绝不可将电缆线接头浸入水中。

图1-19　重锤的装置法

⚠ 安全提示：

在给浮球传感器接线时，应注意防水，做好绝缘保护，防止上电后漏电、短路。

请按照接线步骤填写表1-6。

表1-6　池塘水位电气控制系统接线步骤

序号	接线步骤	接线中遇到的问题	采取的措施	备注
1				
2				
3				
4				
...				

步骤六 池塘水位电气控制系统通电前的检查

可参照流程图1-20对池塘水位控制系统进行检查。

为了确保输送机电气控制系统正常工作，当输送机在第一次调试之前都要进行通电前检查！请参照记录表1-7中的内容进行检查！

表1-7　池塘水位电气控制系统通电前检查结果记录表

序号	检查部位	工艺检查		检测结果（状态）			异常处理措施
		合格	不合格	通路	断路	短路	
1	池塘水位控制回路						
...							

步骤七 池塘水位电气控制系统调试与验收

1.通电调试

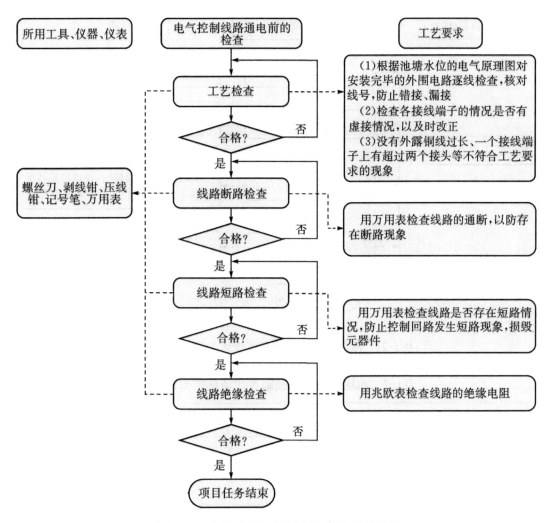

图1-20　电气控制线路通电前的检查流程图

在检查电路连接满足工艺要求，并且电路连接正确，无短路故障后，可接通电源。请按图1-21的流程进行通电调试！并把结果填入表1-8中。

为避免原材料浪费，减少调试过程中的基本损失，有条件时可以先只对控制部分通电做局部功能验证和调试。本项目中可以先不开水闸，先验证浮球分别处于高、低位时电磁阀控制信号的开、关是否符合达到预期功能，以上功能检查合格后，再进行全系统联调，解决系统性能、精度和可靠性等问题，使系统效率高、成本低。

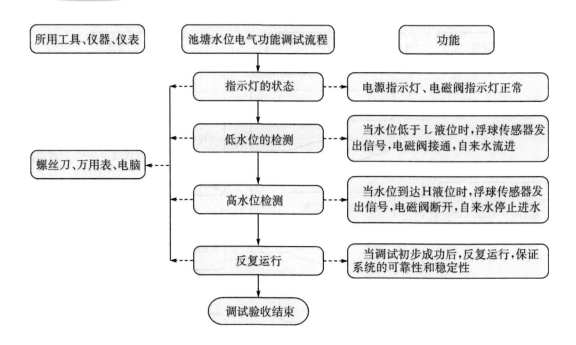

图1-21 池塘水位电气控制系统通电调试流程图

表1-8 池塘水位电气控制系统调试结果记录表

序号	输入信号	检测项目	检测结果状态		故障原因	故障排除
			正常	故障		
1	启停开关	指示灯显示				
2	水位低于L液位时	电磁阀开关接通				
3	水位高于H液位时	电磁阀开关关闭				
4	急停按钮	系统状态				

2.现场整理

工作中，记得要按照6S的要求对现场进行管理哦！你们做到表1-9的要求了吗？

表1-9　现场整理情况

名称 \ 要求	整理	整顿	清扫	清洁	安全
设备					
工具					
工作场地					

注：完成的项目打√，没有完成的打×。

3.技术文件整理

现在我们看看技术文件整理的情况，你们按表1-10的要求整理资料了吗？

表1-10　技术文件整理情况

名称 \ 内容	资料所包括内容
项目前期资料收集	
项目中期资料汇总	
项目开发设计过程记录	
项目资料整理	
项目资料上交	

4.验收交付

完工了，请验收吧！验收单见表1-11所示！

表1-11 池塘水位控制系统安装与调试交付验收单

设备交付验收单			
验收部门		验收日期	
设备名称	池塘水位控制系统		
验收情况			
序号	内容	验收结果	备注
1	池塘水位控制系统启动、停止是否正常		
2	电磁阀开关节流口径4 mm，注水量2.6~4吨／小时		
3	系统控制面板操作是否灵敏可靠		
4	系统控制面板操作是否正常		
5	系统运行是否无异常声响		
6	安全装置齐全可靠		
7	检验员是否能够独立操作使用该池塘水位控制系统		
8	工作现场是否已按6S整理		
9	工作资料是否已整理完毕		

验收结论：

验收结果	操作者自检结果： □合格 □不合格 签名： 　　　　年　　月　　日	检验员检验结果： □合格 □不合格 签名： 　　　　年　　月　　日

终于完成任务了，好开心呀！

我们进步很大呀，来总结一下我们学到了什么？

工作小结

我们完成这项任务
后学到的知识、技
能和素质！

我们还有这些地方
做得不够好，我们
要继续努力！

项目2 运粮小车控制系统

来了解一下任务吧！

　　某粮站仓库的运粮系统以前是人工操作。一个粮仓需要3～4个工作人员，而且粮食需要人工进行装运，工人的工作量也很大。随着粮站的扩大，这种人工操作已经不能满足要求，所以站长决定对各个粮仓进行改造。站长把这一任务承包给了某公司，此公司维修部门决定先搭建粮仓模型系统来模拟实现。现粮仓模型机械框架已经安装完成，要求电气维修人员在3天内完成模型电气控制系统的安装和调试工作，完工后交部门验收，验收合格后就可以正式投入系统的安装与调试工作。

接受任务

这是上级部门给我们的工作任务单！

表1-12　工作任务单

工作地点		工　　时	24 h	任务接受部门	电气维修部门
下发部门	设计部门	下发时间		完 成 时 间	
运粮小车控制系统的工作内容					备注
完成粮仓模型电气控制系统的安装与调试，完工后交部门验收，并提供相关资料。具体工作如下： （1）分析运粮小车电气控制原理图。 （2）编写运粮小车PLC控制程序。 （3）根据运粮小车原理图安装电路。 （4）完成运粮小车系统的安装和调试，达到系统的控制要求。 （5）提供相关资料。					
运粮小车控制系统的功能					备注
此系统的装粮由漏斗的打开与关闭控制，实现方式为机械机构操纵。卸粮由人工将车侧门拉开，系统代替了人工装粮和运粮过程，实现了粮食的自动装运，小车运行由电动机控制。此小车承载量为4 kg，平均每小时可运粮48 kg。图1-22所示为运粮小车运行过程示意图。 　　　　　　　　　　漏斗 　　　　　　　　　　漏斗打开60秒 前进 后退 后限位　　小车　　前限位 　　　　　　侧门 图1-22　运粮小车运行过程示意图					

运粮小车控制系统的控制要求	备注
（1）按下启动按钮SB1，小车电机M正转，小车前进，碰到前限位开关小车停止，漏斗门靠机械结构打开，粮食自动漏到车厢里，60秒后漏斗门关闭，粮食装满，小车电机反转，小车后退，当碰到后限位开关小车停止运行，人工将车门打开卸粮，60秒后卸粮完成，系统开始下一次运粮。 （2）按下停止按钮，小车完成本次运粮后停止到初始位置。 （3）任意时刻按下急停按钮，小车都能立刻停止运行。 （4）此系统具有过载保护功能。	

序号	运粮小车控制系统技术要求	数量
1	控制装置：可编程控制器控制（建议选用三菱FX2N系列）。	1个
2	驱动装置：交流减速电机（实际生活中使用），由于本项目受模型体积和负载的限制，故选取交流减速电机，转速为30 r / min。	1个
3	检测装置：限位开关。	2个

我知道，我知道，请看下面内容。

任务书中提到了PLC控制小车，那PLC到底是什么呢？

相关知识学习

一、PLC的相关知识

PLC定义

可编程控制器简称 PLC（Programmable Logic Controller）的主要功能是取代传统继电器，执行逻辑、计时和计数等顺序控制功能，建立一种柔性的程序控制系统。作为通用工业控制计算机，PLC从无到有，功能性从弱到强，应用领域从小到大，得到了长足的发展，它已经占据了工业生产自动化三大支柱（PLC、机器人、计算机辅助设计与制造）的首位。

国际电工委员会于1987年对PLC的定义如下：PLC是一种数字运算操作的电子系统，专为在工业环境下应用而设计。它采用可编程序的存储器，用来在其内部存储执行逻辑运算、顺序控制、定时、计数和算术运算等操作的指令，并通过数字式、模拟式的输入和输出，控制各种类型的机械或生产过程。可编程序控制器及其有关设备，都应按易于与工业控制器系统连成一个整体、易于扩充其功能的原则设计。图1-23为不同品牌型号的PLC。

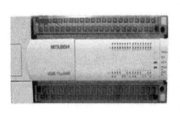
三菱 FX2N 系列

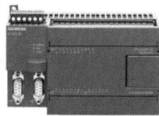
西门子 S7-200 系列

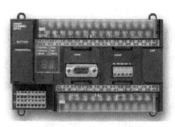
欧姆龙 CP1H 系列

图1-23　不同品牌的PLC

查阅资料

（1）PLC有哪些特点？

A.灵活性和通用性强。 B.抗干扰能力强、可靠性高。＿＿＿＿＿＿＿＿＿＿＿＿

＿＿＿＿＿＿＿＿＿＿＿＿＿＿＿＿＿＿＿＿＿＿＿＿＿＿＿＿＿＿＿＿＿＿＿＿

＿＿＿＿＿＿＿＿＿＿＿＿＿＿＿＿＿＿＿＿＿＿＿＿＿＿＿＿＿＿＿＿＿＿＿＿

（2）世界上第一台PLC是＿＿＿＿＿＿年，＿＿＿＿＿＿国研制成功的。

（3）世界著名的PLC品牌有哪些？＿＿＿＿＿＿＿＿＿＿＿＿＿＿＿＿＿＿

＿＿＿＿＿＿＿＿＿＿＿＿＿＿＿＿＿＿＿＿＿＿＿＿＿＿＿＿＿＿＿＿＿＿＿＿

PLC的硬件结构

PLC采用了典型的计算机结构，基本组成主要由中央处理器（CPU）、存储器（RAM、ROM）、输入输出器件（I／O接口）、接口电路、电源等五大部分组成，如图1-24所示。

图1-24　PLC的硬件结构图

PLC控制系统由输入量、PLC、输出量组成，如图1-25所示，外部各种开关信号、模拟信号、传感器检测的信号均可作为PLC的输入量，经外部输入端子送到内部寄存器中，在内部进行逻辑运算和其他各种运算，处理后将结果送到输出端子，作为PLC的输出量对外围设备进行控制。由此可见，PLC的基本结构由控制部分、输入和输出部分组成。

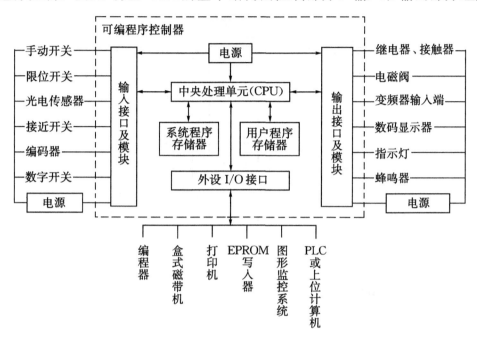

图1-25　PLC内部结构图

查阅资料

（1）PLC各组成部分的作用是什么？

CPU：_____

存储器（RAM、ROM）：_____

输入输出器件（I／O接口）：_____

电源：_____

外部设备：_____

（2）比较PLC与继电器控制系统。

_____

_____

可编程控制器的工作原理

可编程控制器的工作原理与计算机的工作原理基本一样，采用循环扫描的工作方式。CPU从第一条指令开始执行，遇到结束符又返回第一条，不断循环。

其工作过程分为输入采样、程序执行和输出刷新三个阶段，并进行周期循环。在工作状态下，执行一次图1-26所示的扫描操作所需的时间称为扫描周期，其典型值为1～100 ms。

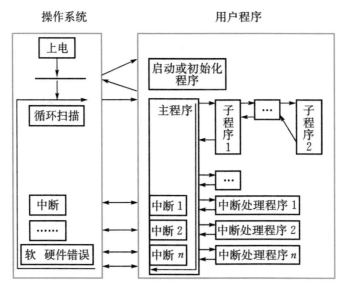

图1-26 可编程控制器的工作原理

三菱FX系列PLC的外形

三菱公司是日本生产PLC的主要生产商之一。FX2N系列机型是三菱公司的典型产品。图1-27所示为FX2N-64MR主机面板结构图。

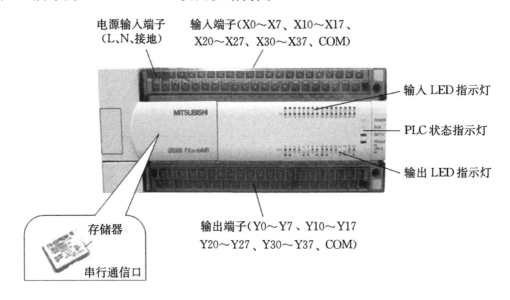

图1-27 三菱PLC外形机构图

三菱FX系列PLC型号的含义

在PLC的正面，一般都有表示该PLC型号的符号，通过阅读该符号即可以获得该PLC的基本信息。

FX系列PLC的型号命名基本格式如下图1-28所示：

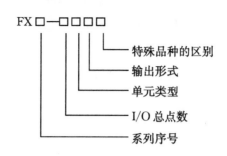

图1-28　PLC型号含义

序列号：0、0S、0N、2、2C、1S、2N、2NC。

I／O总点数：10～256（I／O点数为输入点数与输出点数之和）。

单元类型：

M——基本单元；　　　　　　　　　　E——输入输出混合扩展单元及扩展模块；

EX——输入专用扩展模块；　　　　　EY——输出专用扩展模块。

输出形式：

R——继电器输出；（有干接点，交流、直流负载两用）

T——晶体管输出；（无干接点，交流负载用）

S——晶闸管输出。（无干接点，直流负载用）

特殊品种区别：

D——DC电源，DC输入；　　　　　　A1——AC电源，AC输入；

H——大电流输出扩展模块（1A／1点）；　V——立式端子排的扩展模块；

C——接插口输入输出方式；　　　　　F——输入滤波器1 ms的扩展模块；

L——TTL输入扩展模块；　　　　　　S——独立端子（无公共端）扩展模块。

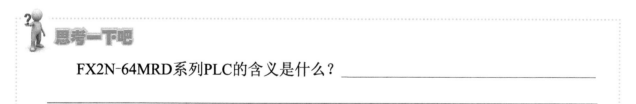

思考一下吧

　　FX2N-64MRD系列PLC的含义是什么？_____

_____

可编程控制器的主要性能指标

1. 输入／输出点数

输入输出点数是PLC组成控制系统时所能接入的输入输出信号的最大数量，表示PLC组成系统时可能的最大规模。

注意：在总的点数中，输入点与输出点总是按一定的比例设置的，往往是输入点数大于输出点数，且输入与输出点数不能相互替代。

2. 应用程序的存储容量

应用程序的存储容量是存放用户程序的存储器的容量。通常用k字（kw），k字节（kb）或k位来表示，1 k=1024，也有的PLC直接用所能存放的程序量表示。

3. 扫描速度

一般以执行1000条基本指令所需的时间来衡量。单位为毫秒／千步，也有以执行一步指令时间计的，如微秒／步。

4. 编程语言及指令功能

不同厂家的 PLC编程语言不同且互不兼容。从编程语言的种类来说，一台机器能同时使用的编程方法多，则容易更多的人使用。

衡量指令功能强弱可看两个方面：一是指令条数多少，二是指令中有多少综合性指令。

PLC的编程软元件

PLC用于工业控制，其实质是用程序表达控制过程中事物间的逻辑或控制关系，而就程序来说，这种关系必须借助机内器件来表达，这就要求在PLC内部设置具有各种各样功能，能方便地代表控制过程中各种事物的元器件，就是编程软元件。为了方便理解，因此我们沿用继电器电路中类似名称命名，称为输入继电器、输出继电器、辅助（中间）继电器、定时器、计数器等，称为"软继电器"。为了区别它们的功能和不重复选用，需要给元件编上号码，这些元件号码也即是计算机存储单元的地址，如表1-13所示。

表1-13　PLC软继电器

项目		规格
输入继电器		X000～X267（8进制编号）184点
输出继电器		Y000～Y267（8进制编号）184点
辅助继电器	一般用	M000～M499　500点
	锁存用	M500～M3071　2572点
	特殊用	M8000～M8255　256点
定时器	100 ms	T0～T199（0.1～3276.7 s）200点
	10 ms	T200～T245（0.01～327.67 s）46点
	1 ms（积算型）	T246～T249（0.001～32.767 s）4点
	100 ms（积算型）	T250～T255（0.1～32.767 s）6点

续表

项目		规格
计数器	一般16位增计数器	C0～C99（0～32767）100点
	锁存16位增计数器	C100～C199（0～32767）100点
	一般32位增减计数器	C200～C219　20点
	锁存32位增减计数器	C220～C234　20点

资料查阅

　　PLC软继电器中输入继电器X、输出继电器Y、辅助继电器M、定时器T的功能请参阅《三菱PLC编程手册》。

这些内容对我来说都很简单，我们开始任务吧！

好啊好啊……

制定工作计划和方案

　　下面我们先来看看自动化设备电气控制系统设计的一般实施步骤吧！

知识链接

自动化设备电气控制系统设计的一般实施步骤

　　（1）分析被控对象并提出控制要求。

　　详细分析被控对象的工艺过程及工作特点，了解被控对象机、电、液之间的配合，提出被控对象对控制系统的控制要求，确定控制方案，拟定设计任务书。

　　（2）确定输入／输出设备。

　　根据系统的控制要求，确定系统所需的全部输入设备（如：按钮、位置开关、转换开关及各种传感器输出等）和输出设备（如：接触器线圈、电磁阀、信号指示灯及其他执行器等）。

　　（3）分配I／O点并设计PLC外围硬件线路。

　　①分配I／O点：画出PLC的I／O点与输入／输出设备的连接图或对应关系表，该部分也可在第（2）步中进行。

②设计PLC外围硬件线路：画出系统其他部分的电气线路图，包括主电路和PLC的控制电路等。由PLC的I／O连接图和PLC外围电气线路图组成系统的电气原理图。到此为止系统的硬件电气线路已经确定。

（4）程序规划及程序编辑。

程序规划的主要内容是确定程序的总体结构、各功能块程序块之间的接口方法。进行程序规划前先绘出控制系统的工作循环图或状态流程图，以便进一步明确控制要求及选取程序结构。

程序的编辑过程是程序的具体设计过程。在前面确定的程序结构前提下，可以使用梯形图也可以使用指令表完成程序。当然，编程人员如更熟悉其他编程工具或程序编辑需要采取其他编程工具，也可以采用。程序设计使用哪种方法要根据需要，经验法、状态法、逻辑法或多种方法可综合使用。

（5）程序调试。

程序模拟调试的基本思想是，以方便的形式模拟产生现场实际状态，为程序的运行创造必要的环境条件。根据产生现场信号的方式不同，模拟调试有硬件模拟法和软件模拟法两种形式。

①硬件模拟法是使用一些硬件设备（如用另一台PLC或一些输入器件等）模拟产生现场的信号，并将这些信号以硬接线的方式连到PLC系统的输入端，其时效性较强。

②软件模拟法是在PLC中另外编写一套模拟程序，模拟提供现场信号，其简单易行，但时效性不易保证。模拟调试过程中，可采用分段调试的方法，并利用编程器的监控功能。

（6）硬件实施。

硬件实施方面主要是进行控制柜（台）等硬件的设计及现场施工。主要内容有：

①设计控制柜和操作台等部分的电器布置图及安装接线图；

②设计系统各部分之间的电气互连图；

③根据施工图纸进行现场接线，并进行详细检查。

由于程序设计与硬件实施可同时进行，因此PLC控制系统的设计周期可大大缩短。

（7）联机调试。

联机调试是将通过模拟调试的程序进一步进行在线统调。联机调试过程应循序渐进，从PLC开始只连接输入设备、再连接输出设备、再接上实际负载等逐步进行调试。如不符合要求，则对硬件和程序做调整，通常只需修改部分程序即可。全部调试完毕后，交付试运行，经过一段时间运行，如果工作正常且程序不需要修改，应将程序固化到EPROM中，以防程序丢失。

本任务的实施过程可用如下流程图1-29所示：

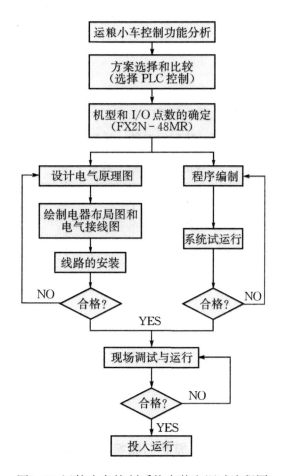

图1-29 运粮小车控制系统安装和调试流程图

现在让我们赶快来制定本任务的工作计划吧！将其填入表1-14中。

表1-14 运粮小车控制系统安装和调试计划表

工作阶段	工作内容	工作周期	备注

对了，我们还要把工具准备齐了！

请把装配用的工具、仪器填入表1-15中。

表1-15 装配用工具、仪器配备清单

编号	工具名称	规格	数量	主要作用
1				
2				
3				
4				
...				

万事俱备，干活了！

那我们就按照计划开始干吧！

 任务实施

步骤一 设计运粮小车电气控制系统原理图

1.确定PLC的输入和输出地址分配表

知识链接

PLC的输入输出

（1）输入继电器（X）：是PLC接受外部开关信息的接口。输入继电器线圈由外部输入信号所驱动，只有当外部信号接通时，对应的输入继电器才得电，不能用指令来驱动，如图1-30所示。外部开关信息包括：按钮信号SB、开关信号SA、行程开关信号SQ、热继电器的保护措施FR、传感器的输出等。

（2）输出继电器（Y）：是PLC向外部负载输出信息的接口。输出继电器线圈是由PLC内部程序驱动，其线圈状态传送给输出单元，再由输出单元对应的硬触点来驱动外部负载，如图1-31所示。外部负载包括：接触器的线圈（KM）、灯（L）、电磁阀、二极管等。

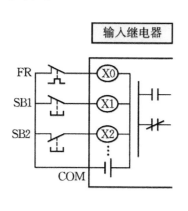

图1-30　PLC的输入

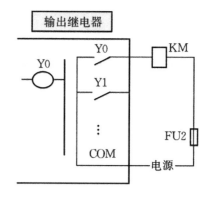

图1-31　PLC的输出

三相异步电动机的运行

例：按下启动按钮SB1，电机连续运行。按下停止按钮SB2，电机停止运行，有过载保护。写出I／O分配。

参考答案：

I:		O:
SB1：X0		M：Y0
SB2：X1		
FR：X2		

温馨提示

由上述工作示意图1-22分析可知，本系统控制对象有3个，即拖动小车运行的电机、装料斗打开和小车卸料开门，它们是PLC控制的输出变量。输入变量包括4个：系统启动、停止以及装料和卸料处的行程限位开关。为保证电机正常工作，避免发生两相电源短路事故，在电机拖动小车前进、后退的两个接触器线圈电路中互串一个对方的动断触点，形成相互制约的控制，使两个线圈不能同时得电，这对动断触点起互锁作用称为互锁触点。这些控制要求都应在梯形图中体现。小车往返控制时，既有行程参量考虑也有时间参量控制。

简单吧？！ 赶快在表1-16中填写本任务的I/O分配！

表1-16　PLC的输入和输出地址分配表

序号	输入			输出		
	输入信号	PLC输入地址	作用	输出信号	PLC输出地址	作用
1						
2						
3						
4						
...						

2.设计电气控制系统原理图

根据控制要求和PLC的输入／输出地址分配表，设计电气控制原理图。

主电路已经给了，我们只需要绘制系统的控制电路！

根据运粮小车的控制要求和PLC的输入／输出地址分配表，在图1-32中补充绘制运粮小车的电气控制原理图。

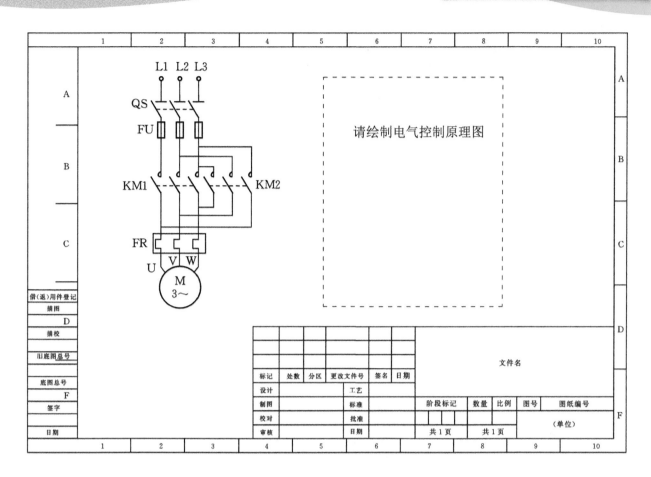

图1-32　运粮小车的电气控制原理图

 **编制运粮小车控制程序**

1.编制控制程序

知 识 链 接

PLC程序一般编程步骤

（1）控制对象的生产工艺过程及控制要求分析，确定程序的输入和输出；

（2）PLC的资源分配（即写出I／O分配表）；

（3）接线设计（即画出外部接线图）；

（4）程序编制（绘制梯形图）；

（5）程序的调试及修改完善。

PLC一般编程规则

（1）梯形图中左、右两条线称为母线；

（2）触点始于左母线，不能直接同右母线相连；

（3）线圈接于右母线，不能直接同左母线相连；

（4）同一编号接点的使用不受个数限制；

（5）同一编号线圈在同一程序中只能使用一次；

（6）程序的编写必须符合顺序执行的原则：从左向右、从上到下；

（7）······

那PLC编程用什么指令呢？

PLC基本指令的应用请参阅下表1-17。

表1-17　PLC基本指令表

梯形图	指令	功能	操作元件	程序步
⊢⊢	LD	读取第一个常开触点	X、Y、M、S、T、C	1
⊢/⊢	LDI	读取第一个常闭触点	X、Y、M、S、T、C	1
⊢⊢⊢	AND	串联一个常开触点	X、Y、M、S、T、C	1
⊢⊢/⊢	ANI	串联一个常闭触点	X、Y、M、S、T、C	1
⊢⊢⊢	OR	并联一个常开触点	X、Y、M、S、T、C	1
⊢⊢/⊢	ORI	并联一个常闭触点	X、Y、M、S、T、C	1
⊐○	OUT	驱动输出线圈	Y、M、S、T、C	Y、M：1；特M：2：；T：3；C：3～5

能不能举一个具体的编程例子呢？

No problem!

练一练

三相异步电动机的正反转控制

例：如图1-33所示为三相异步电动机的正反转控制，请用PLC对其进行控制。

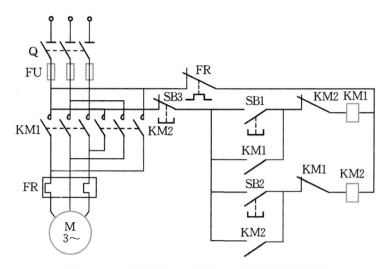

图1-33　三相异步电动机的正反转控制原理图

解：（1）确定I／O点数。

序号	输入		输出	
	输入信号	PLC输入地址	输出信号	PL输出地址
1	SB3	X0	KM1	Y1
2	SB1	X1	KM2	Y2
3	SB2	X2		

（2）绘制外部接线图。

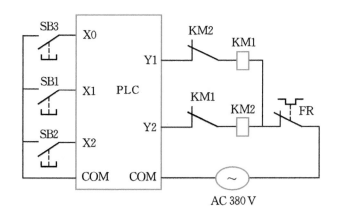

（3）编制梯形图。

```
    X1    X0    Y2
───┤├────┤╱├───┤╱├────────(Y1)───
    Y1
───┤├──
    X2    X0    Y1
───┤├────┤╱├───┤╱├────────(Y2)───
    Y2
───┤├──
                          (END)───
```

（4）写出指令语句表。

地址	语句
0	LD X1
1	OR Y1
2	ANI X0
3	ANI Y2
4	OUT Y1
5	LD X2
6	OR Y2
7	ANI X0
8	ANI Y1
9	OUT Y2
10	END

现在根据控制要求和I/O分配表，我们来绘制梯形图吧！

梯形图：

2.模拟调试

三菱SWOPC-FXGP／WIN-C编程软件的使用请参阅《三菱PLC编程手册》。

接下来让我们学习一下如何来调试PLC程序！

程序的调试

程序调试分为两个调试过程：模拟调试和现场调试。但是在此之前，有一个环节不能少，否则就可能发生问题，那就是对PLC外部接线做仔细检查，一定要保证外部接线的准确无误。我们可以用事先编写好的试验程序对外部接线做扫描通电检查来查找接线故障。但是为安全着想，最好是将电路断开，当确认接线无误后再连接主电路，将模拟调试好的程序送入用户存储器进行调试，直到各部分的功能都正常，并能协调一致地完成整体的控制功能为止。

（1）程序的模拟调试。

将设计好的程序写入PLC后，首先逐条仔细检查，并改正写入时出现的错误。用户程序一般先在实验室模拟调试，实际的输入信号可以用钮子开关和按钮来模拟，各输出量的通／断状态用PLC上有关的发光二极管来显示，一般不用接PLC实际的负载（如接触器的线圈、电磁阀等）。可以根据功能表图，在适当的时候用开关或按钮来模拟实际的反馈信号，如限位开关触点的接通和断开。对于顺序控制程序，调试程序的主要任务是检查程序的运行是否符合功能表图的规定，即在某一转换条件实现时，

是否发生步的活动状态的正确变化，即该转换所有的前级步是否变为不活动步，所有的后续步是否变为活动步，以及各步被驱动的负载是否发生相应的变化。

在调试时应充分考虑各种可能的情况，对系统各种不同的工作方式、有选择序列的功能表图中的每一条支路、各种可能的进展路线，都应逐一检查，不能遗漏。发现问题后应及时修改梯形图和PLC中的程序，直到在各种可能的情况下输入量与输出量之间的关系完全符合要求。

如果程序中某些定时器或计数器的设定值过大，为了缩短调试时间，可以在调试时将它们减小，模拟调试结束后再写入它们的实际设定值。

在设计和模拟调试程序的同时，可以设计、制作控制台或控制柜，PLC之外的其他硬件的安装、接线工作也可以同时进行。

（2）程序的现场调试。

完成上述的工作后，将PLC安装在控制现场进行联机总调试，在调试过程中将暴露出系统中可能存在的传感器、执行器和硬接线等方面的问题，以及PLC的外部接线图和梯形图程序设计中的问题，应对出现的问题及时加以解决。如果调试达不到指标要求，则对相应硬件和软件部分作适当调整，通常只需要修改程序就可能达到调整的目的。全部调试通过后，经过一段时间的考验，系统就可以投入实际的运行了。

下面我们来进行模拟调试吧！请将调试的结果填入下表1-18中！

表1-18　运粮小车电气控制系统模拟调试记录表

启动 输入信号	负载名称 （用指示灯代替）	状态		原因分析	解决方法
		ON	OFF		
启动按钮	小车前进				
前限位开关	漏斗打开				
定时器	小车后退				
后限位开关	卸料计时				
正常停止	小车一个完整的动作				
急停开关	报警指示灯				

步骤三 绘制运粮小车电气控制系统布局图

 温馨提示

　　绘制布局图时，可参考运粮小车示意图1-22，标注好元器件的位置，将前限位开关和后限位开关安装在前后固定板上，PLC的输入、输出和启动、停止开关之间最好留有接线端子。

　　请在下面的图框中绘制运粮小车电气控制系统布局图！

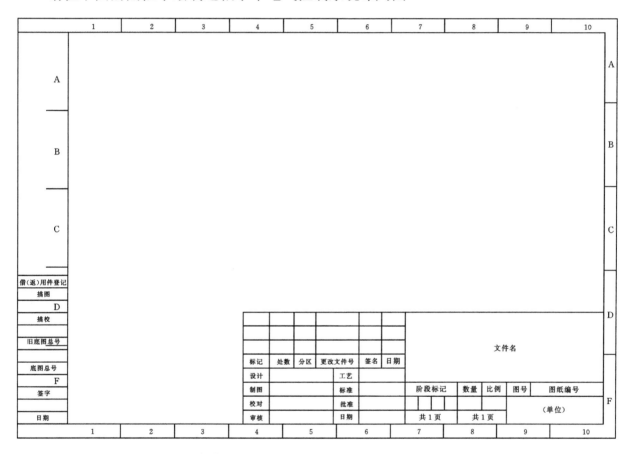

步骤四 绘制运粮小车电气控制系统接线图

有了原理图和布局图，绘制接线图就简单了！你会吗？

绘制PLC外部接线图时请参考以下几点小技巧：

（1）输入部分：无论是常开或常闭触点，一律画成常开。

（2）输出部分：辅助继电器不画在图中。

（3）电源部分：输入部分不接电源，输出部分根据负载的特性不同而不同，可以是直流也可以是交流，大小可以变化。

绘制接线图时，标清楚每个元器件的进线号和出线号，同一根线的两头线号是一样的，先从主回路开始绘制，然后绘制控制回路。

请在下面的图框中绘制运粮小车电气控制系统接线图！

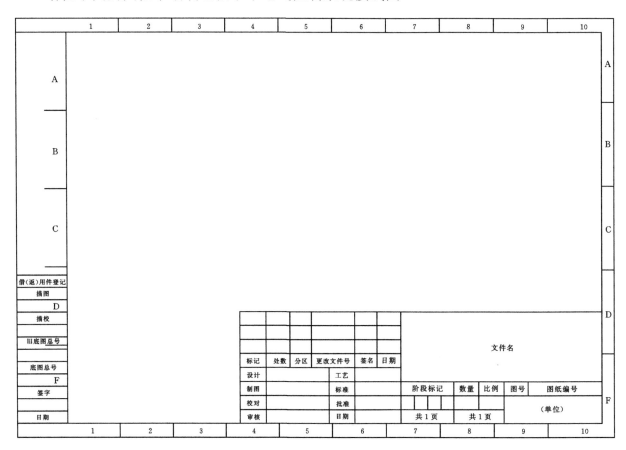

步骤五 **安装运粮小车电气控制系统元器件**

1.确定并领取元器件

请在表1-19中补充填写运粮小车电气控制系统的元器件。

表1-19 运粮小车电气控制系统的元器件清单

序号	元器件名称	型号及规格	数量
1	PLC	三菱FX2N-48MR	1个
2	限位开关	TZ-712	2个
3	按钮	LA42PS-11 / Y	3个
4	接触器	CJ20	2个
5	热继电器	TK-E02P-C	1个
6	熔断器	RT16-00C / NTOOC	3个
7	空气开关	DZ10	1个
8	……		

材料管理员：　　　　　领料人：　　　　　日期：

补充需要的元器件！

 领取时一定要检查元件的质量，确定其是否合格呦！

对PLC如何检测呢？

PLC的检测

领取完PLC后，一定要检测它的性能，可按照下列步骤：

（1）通电。PLC切换到运行状态，看看状态灯是否正常，如果POWER、RUN指示灯亮，其他指示灯不亮，则正常。

（2）编写简单的控制程序，下载后查看输入信号、输出信号是否有反应，有反应说明是好的，否则就是坏的。

2.安装运粮小车电气控制系统的元器件

电气元器件安装一般要求

（1）元器件安装应牢固可靠、布置合理、排列整齐，绝缘器件无裂纹缺损。

（2）元件应按照制造厂的说明书进行安装，必须保证产品样板上规定的各种距离要求及使用条件。

（3）元器件装配过程中应注意保护，不得发生外壳损坏现象，所有元器件的附件（如灭弧罩、隔弧板等）不得随意弃掉不用。

（4）元件摆放时同时类元器件尽可能摆在一排，热元件尽量摆在最下方，便于接线。

（5）可调元件、熔断器等需要经常维护检修，操作调整的电器，安装位置不宜过高或过低。 底部要求同时安装零线、地线时，钻孔时要错开。

（6）垂直安装的安装板应保证所装元件的中心线和水平垂直，其倾斜度不超过1°。

（7）安装完毕后，不得有任何异物（如螺钉、工具等）留在元器件内部和外壳上。

PLC的安装要求

（1）可编程控制器的安装环境要求：要安装在环境温度为0～55 ℃，相对湿度小于89%大于35%RH、无粉尘和油烟、无腐蚀性及可燃性气体的场合中。

（2）PLC的安装固定常有的两种方式： 一是直接利用机箱上的安装孔，用螺钉将机箱固定在控制柜的背板或面板上；二是利用DIN导轨安装，这需先将DIN导轨固定好，再将PLC及各种扩展单元卡上DIN导轨。

温馨提示

限位开关可以安装在相对静止的物体（如固定架、门框等，简称静物）上或者运动的物体（如行车、门等，简称动物）上。当动物接近静物时，开关的连杆驱动开关的接点引起闭合的接点分断或者断开的接点闭合。由开关接点开、合状态的改变去控制电路和机构的动作。

安装时还要注意在PLC周围留足散热及接线的空间。

请按照安装步骤填写表1-20。

表1-20 运粮小车电气控制系统的安装步骤

序号	元器件安装步骤	安装中遇到的问题	采取的措施	备注
1				
2				
3				
4				
5				
...				

步骤六 运粮小车电气控制系统的接线

安装已经完成了，我们开始接线吧！

我对PLC和限位开关的接线还不熟悉，先来学习一下吧！

可编程控制器的接线

PLC在工作前必须正确的接入控制系统。和PLC连接的主要有PLC的电源接线、输入输出器件的接线、通讯线、接地线等。接线均采用0.5～1.5 mm²的导线。

（1）电源接入。

如图1-34所示，PLC基本单元的供电通常有两种情况：一是直接使用工频交流电，通过交流输入端子连接，电压在100～250 V均可使用；二是采用外部直流开关电源供电，一般配有直流24 V输入端子。

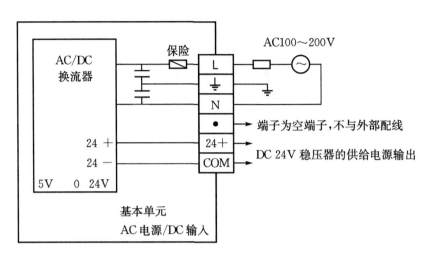

图1-34 PLC电源的接入

采用交流供电的PLC机内自带直流24 V内部电源，为输入器件及扩展模块供电。FX2N系列PLC大多为AC电源，DC输入形式。

（2）输入口器件的接入。

PLC的输入端口连接输入信号，器件主要有开关、按钮及各种传感器，这些都是触点类型的器件。在接入PLC时，每个触电的两个接头分别连接一个输入点及输入公共端。PLC的开关量输入接线点都是由螺钉接入方式，每一位信号占用一个螺钉。上部为输入端子，COM端为公共端，输入公共端在某些PLC中是分组隔离的，在FX2N机中是连通的。开关、按钮等器件都是无源器件，PLC内部电源能为每个输入点大约提供7 mA工作电流，这也就限制了线路的长度。有源传感器在接入时需注意与机内电源的极性配合。模拟量信号的输入须采用专用的模拟量工作元件。图1-35为输入器件的接线图。

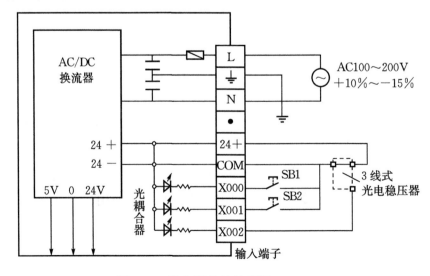

图1-35 输入器件的接线图

（3）输出口器件的接入。

PLC的输出口上连接的器件主要是继电器、接触器、电磁阀的线圈。这些器件均采用PLC机外的专用电源供电，PLC内部是提供一组开关接点。接入时线圈的一端接输出点螺钉，一端经电源接输入公共端。由于输出口连接线圈种类多，所需的电源种类及电压不同，输出口公共端常分为许多组，而且组间是隔离的。PLC输出口的电流定额一般为2 A，大电流的执行器件须配装中间继电器。图1-36为输出器件为继电器时输出器件的连接图。

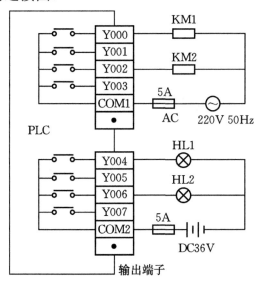

图1-36　输出器件的连接图

（4）通讯线的连接。

PLC一般设有专用的通讯口，通常为RS485口或RS422口。FX2N型PLC为RS422口，与计算机串口（RS232口）通信时，采用带有转接口的专用通信电缆连接，如图1-37所示。

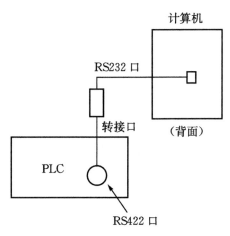

图1-37　PLC通讯线的连接

温馨提示

安装运粮小车电气控制系统时可参照以下方法：

（1）将按钮、传感器和三项异步电机的连线连接到接线排合适的位置。注意将动力线和信号线分开；

（2）先完成PLC输出回路的连接，再进行PLC输入回路的线路连接；

（3）完成三项异步电机的线路连接；

（4）最后连接各模块的电源线。

知识回顾

（1）限位开关如何接线呢？

（2）三相异步电动机如何接线呢？

请按照接线步骤填写表1-21。

表1-21　运粮小车电气控制系统接线步骤

序号	接线步骤	接线中遇到的问题	采取的措施	备注
1				
2				
3				
4				
5				
...				

步骤七　运粮小车电气控制系统通电前的检查

可参照流程图1-38对运粮小车控制系统进行检查。

将运粮小车电气控制系统通电前的检查结果记录填在表1-22中。

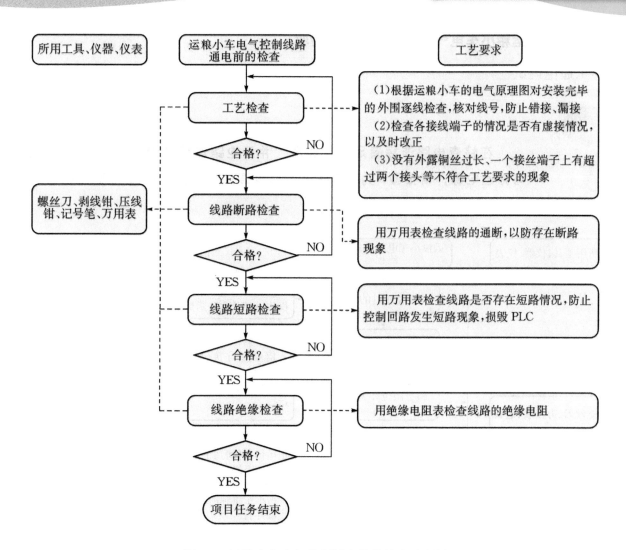

图1-38 运粮小车电气控制通电前的检查流程图

表1-22 运粮小车电气控制系统通电前检查结果记录表

序号	检查部位	工艺检查		检测结果（状态）			异常处理措施
		合格	不合格	通路	断路	短路	
1	小车前进主回路						
2	小车后退主回路						
3	PLC控制回路						

步骤八 运粮小车电气控制系统调试与验收

1.通电调试

在检查电路连接满足工艺要求，并且电路连接正确，无短路故障后，可接通电源，请按图1-39的流程进行通电调试！并把结果填入表1-23中。

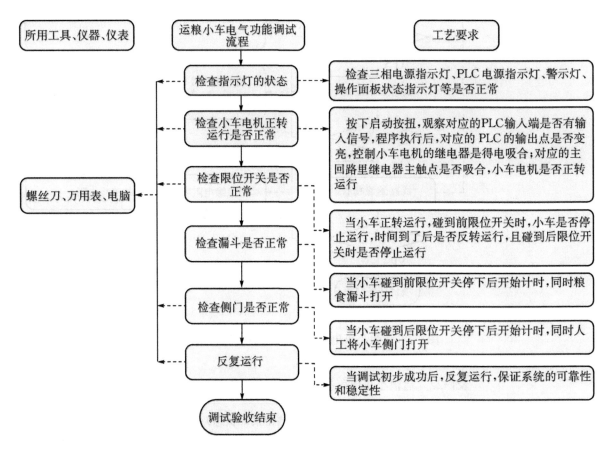

图1-39　运粮小车电气控制系统通电调试流程图

表1-23　运粮小车电气控制系统调试结果记录表

序号	输入信号	检测项目	检测结果状态		故障原因	故障排除
			正常	故障		
1	启动按钮	小车运行				
2	前限位开关	小车停止，开始装料				
	后限位开关	小车停止，开始卸料				

续表

序号	输入信号	检测项目	检测结果状态		故障原因	故障排除
			正常	故障		
3	停止按钮	小车停止				
4	急停按钮	系统停止				

2.现场整理

工作中，记得要按照6S的要求对现场进行管理哦！你们做到表1-24的要求了吗？

表1-24 现场整理情况

要求 名称	整理	整顿	清扫	清洁	安全
设备					
工具					
工作场地					

注：完成的项目打√，没有完成的打×。

3.技术文件整理

现在我们看看技术文件整理情况！你们按表1-25的要求整理资料了吗？

表1-25 技术文件整理情况

内容 名称	资料所包括内容
项目前期资料收集	
项目中期资料汇总	
项目开发设计过程记录	
项目资料整理	
项目资料上交	

4.验收交付

 完工了，请验收吧！验收单见表1-26所示！

表1-26 运粮小车控制系统安装与调试交付验收单

设备交付验收单				
验收部门			验收日期	
设备名称	运粮小车控制系统			
验收情况				
序号	内容		验收结果	备注
1	运粮小车控制系统启动\停止是否正常			
2	运粮小车平均每小时可运粮48 kg			
3	运粮小车系统控制面板操作是否灵敏可靠			
4	运粮小车系统控制面板操作是否正常			
5	运粮小车系统运行是否无异常声响			
6	安全装置齐全可靠			
7	检验员是否能够独立操作运粮小车控制系统			
8	工作现场是否已按6S整理			
9	工作资料是否已整理完毕			
验收结论：				
验收结果	操作者自检结果： □合格 □不合格 签名： 年　月　日		检验员检验结果： □合格 □不合格 签名： 年　月　日	

终于完成任务了，好开心呀！

我们进步很大呀，来总结一下我们学到了什么？

工作小结

我们完成这项任务后学到的知识、技能和素质！

我们还有这些地方做得不够好，我们要继续努力！

电梯控制系统的安装与调试

　　随着现代城市的发展，高层建筑日益增多，电梯成为人们日常生活必不可少的设备，也是广泛使用的运输工具。有了电梯，摩天大楼才得以崛起，现代城市才得以长高，如图2-1所示。人们对电梯安全性、高效性、舒适性的不断追求推动了电梯技术的进步，因此必须努力提高电梯系统的性能，保证电梯的运行既高效节能又安全可靠。习惯上不论电梯驱动方式如何，都将电梯作为建筑物内垂直交通运输工具的总称。

图2-1　现代城市

让我们看看常见的电梯形式吧！

常见的电梯形式

1.观光客梯

常见的观光电梯如图2-2所示。

图2-2　常见的观光电梯

2.楼宇中的载人客梯和货梯

楼宇中常见的载人客梯和货梯如图2-3所示。

图2-3　楼宇中常见的载人客梯和货梯

3.商场中的自动扶梯

商场中常见的自动扶梯如图2-4所示。

图2-4　商场中常见的自动扶梯

4.超市里的自动人行道

超市里常见的自动人行道如图2-5所示。

图2-5　超市里常见的自动人行道

特别提示：电梯的形式还有很多，分类也是不同的，具体内容就要看下面的知识链接。

查阅资料

电梯性能的好坏对人们生活的影响越来越显著，关于电梯的定义与分类可以在下面找到：

（1）《特种设备安全监察条例》（2009年国务院令597号）；

（2）GB／T 7024—2008《电梯、自动扶梯、自动人行道术语》；

（3）GB／T 7025.1—2008《电梯主参数及轿厢、井道、机房型式与尺寸第1部分：Ⅰ、Ⅱ、Ⅲ、Ⅵ类电梯》。

本任务中主要研究的是垂直电梯，接下来让我们认识一下垂直电梯的相关知识。

垂直电梯基本结构图

垂直电梯基本结构图如图2-6所示。

垂直电梯的组成

垂直电梯是机、电一体化产品，少不了机械、电气以及安全装置三大部分，就如人的身体，机械是人的骨骼（架），电气是人的神经系统，安全装置是人的各种器官。下图2-7是电梯的基本组成框图。

对于垂直电梯的结构而言，传统的描述方法为机械部分和电气部分，但以功能系统来描述，则更能反映电梯的特点，如表2-1所示。

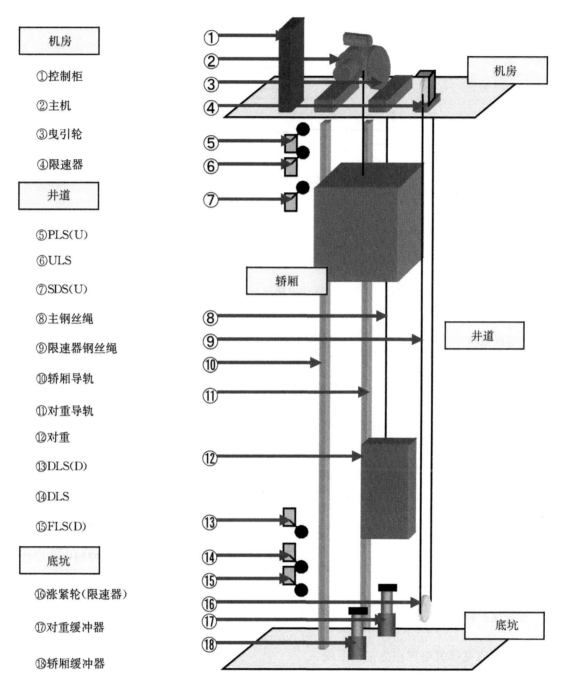

机房
①控制柜
②主机
③曳引轮
④限速器

井道
⑤PLS(U)
⑥ULS
⑦SDS(U)
⑧主钢丝绳
⑨限速器钢丝绳
⑩轿厢导轨
⑪对重导轨
⑫对重
⑬DLS(D)
⑭DLS
⑮FLS(D)

底坑
⑯涨紧轮(限速器)
⑰对重缓冲器
⑱轿厢缓冲器

机房

轿厢

井道

底坑

注：⑤上极限开关（急停开关防冲顶）；⑥上限位开关（安全钳报闸）；⑦到位开关（平层信号，每一层都会有的）；⑬到位开关（平层信号）；⑭下限位开关（安全钳报闸）；⑮下极限开关（急停开关防蹲底）。

图2-6　垂直电梯基本结构图

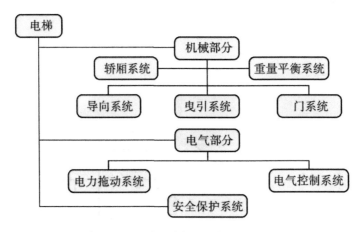

图2-7　垂直电梯的基本组成框图

表2-1　垂直电梯的功能描述

序号	系统	功能	组成的主要构件
1	曳引系统	输出与传递动力，驱动电梯运行	曳引机、曳引钢丝绳、导向轮、返绳轮、制动器
2	导向系统	限制轿厢和对重活动自由度，使轿厢和对重只能沿着导轨运动	对重导轨、导靴、导轨架
3	轿厢	用以运送乘客和货物的组件	轿厢架、轿厢
4	门系统	乘客或货物的进出口，运行时的门必须封闭，到站时才能打开	轿厢门、层门、门锁、开门机、关门防夹装置
5	重量平衡系统	平衡轿厢重量以及补偿高层电梯中曳引绳重量的影响	对重、补偿链（绳）
6	电力拖动系统	提供动力，对电梯实行速度控制	供电系统、电机调速装置
7	电气控制系统	对电梯的运行实行操纵和控制	操纵盘、呼梯盒、控制柜、层楼指示、平层开关、行程开关
8	安全保护装置	保证电梯安全使用，防止一切危及人身安全的事故安全	限速器、安全钳、缓冲器端站保护、超速保护、断相错相保护、上下极限

我们任务的重点是研究电梯电力拖动系统、电气控制系统和安全保护装置的内容。

垂直电梯电力拖动系统

　　垂直电梯电力拖动系统的功能是为电梯提供动力，并对电梯的启动加速、稳速运行和制动减速起着控制作用。拖动系统的优劣直接影响着电梯起停时的加速和减速性能、平层精度、乘坐舒适感等指标。目前垂直电梯的拖动系统分为直流电动机拖动、交流电动机拖动和永磁同步电动机拖动，如图2-8所示。

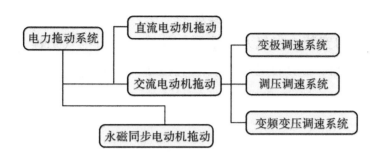

图2-8　垂直电梯的电力拖动系统

垂直电梯电气控制系统

　　垂直电梯的电气控制系统，主要是控制器对每层站显示、层站召唤、轿内指令、安全保护等指令信号进行管理，完成对电梯主曳引电动机和门机的启动、运行方向、减速、停止的控制。

　　垂直电梯控制系统的功能与性能直接决定着电梯的自动化程度和运行性能。电气控制系统控制器的类型除采用传统的继电器控制外，PLC控制和微机控制已成为电梯产品的主流，如图2-9所示。

图2-9　垂直电梯控制系统

　　为了更好地学习电梯控制系统的安装和调试，我们以二层电梯和三层电梯控制系统的安装与调试为例，通过对它们的学习，掌握电梯控制系统安装与调试的一般方法和步骤。

项目1　二层电梯控制系统的安装与调试

看看我们要干什么！

　　我公司接到王朝饭店的投标书，该饭店打算在市区繁华地段一栋高层的二楼作为新的营业场所，考虑到客人就餐方便，需要加装一套二层电梯。我公司按工期进度已经完成了电梯的机械部件的安装，电气元件选型与计算，公司电气工程人员准备在模拟设备上完成电梯轿厢上升下降运动的电气控制系统程序的编制和线路安装调试环节的工作，此项工作工期为5天。

接受任务

这是上级部门给我们的工作任务单！

表2-2　工作任务单

工作地点		工　　时	40 h	任务接受部门	电气维修部门
下发部门	电气工程部	下发时间		完　成　时　间	
二层电梯电气控制系统的工作内容					备注
完成二层电梯电气控制系统的安装与调试，完工后交部门验收，并提供相关资料。 具体工作如下： 　（1）根据控制要求，完成二层电梯的电气控制原理图的绘制。 　（2）编写二层电梯PLC控制程序。 　（3）根据原理图绘制电器布局图、电气接线图。 　（4）完成电气控制系统的调试运行，以满足系统的控制要求。 　（5）提供相关资料。					
二层电梯电气控制系统的功能					备注
模型电梯满足在一层二层之间平稳运行。此电梯轿厢尺寸为600 mm×500 mm×560 mm，门口尺寸为380 mm×470 mm，井道框架外围尺寸为980 mm×820 mm×3200 mm，设备自重约为500 kg，供电电源采用三相五线制，额定电流为2.5 A。 　　电梯能够根据电梯厢内外的呼楼要求，将电梯运行到该层楼。轿厢载重100 kg，速度为2 m／s，能够在满负荷下起动。二层电梯控制系统示意图如图2-10所示。 　（1）轿厢：由层站按钮和轿厢内选层按钮控制其上下运行。 　（2）层站：一层外部有向上按键，二层有向下按键，运行时有方向显示和楼层显示。 　（3）轿厢内：轿厢内有开、关门控制按键和两个楼层选层按键。 　（4）行程开关：一层限位，二层限位，开门限位，关门限位，上升极限开关，下降极限开关。 　（5）上升、下降、开门、关门、一层二层指示灯。					

续表

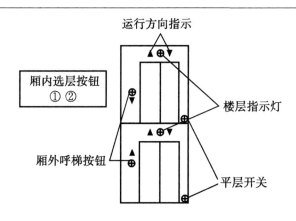

图2-10　二层电梯控制系统示意图

二层电梯电气控制系统的控制要求	备注
初始位置：一层和关门限位开关压下，一层指示灯亮。在一层按向上键，开门，开门指示亮，到限位停止，指示灭，轿厢内按关门按键，关门，关门指示亮，到限位停止，指示灭。轿厢内按二层键，电梯上升，上升指示亮，到二层停，二层指示灯亮，上升指示灭，开门（指示亮），到限位停止（指示灭）。 　二层回一层要求相同。运行和开关门有电气联锁。 　开门后，按关闭按钮关门，否则5秒钟自动关门。关门后，按下一层或二层选择按钮，轿厢下至一层或上至二层，否则不运动。 　电梯上升途中只响应上升呼叫，下降只响应下降呼叫，任何反方向的呼叫均无效。	

序号	二层电梯电气控制系统的技术参数	数量
1	曳引机功率：0.75 kW，电压380 V	1个
2	控制装置：可编程控制器控制（建议选用三菱FX2N-48MR系列）	1个
3	驱动装置：通用变频器（建议选用三菱FR-A500系列）	1个

工作任务单看完了，是不是还有很多不清楚的地方？

我们应该再多了解一些电器部件方面的知识。

相关知识学习

一、认识二层垂直运动电梯的电气控制部分

电梯其他电器装置部分

（1）电梯层站部分：位于电梯各层厅外，包括电梯召唤按钮、按钮指示灯、楼层显

示、楼层运行方向显示，如图2-11所示。

层站显示器

外呼叫按钮

图2-11　电梯层站电器元件图

（2）电梯楼层显示器：安装在电梯层门上方或门框侧面与外呼按钮一起。此二层电梯采用七段码显示器，是现代电梯中最普及的一种。

查阅资料

电梯楼层显示器除了采用七段码显示器外，还有其他哪种显示方式呢？

本任务中层站呼梯按钮（召唤按钮）的形式见图2-12，供电梯乘客发送上行或下行呼梯指令用。

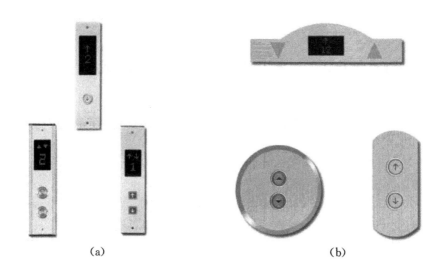

（a）　　　　　　　　　　　　　　（b）

图2-12　层站呼梯按钮

（3）轿厢内操纵箱：轿厢内在轿门旁设置有轿厢操纵箱，供乘客操作电梯用，如图2-13所示。操纵箱上装有开关门按钮、楼层选择按钮、按钮指示灯等供乘客使用；在操纵箱的下面带钥匙锁的控制盒内，有风扇电源开关、照明电源开关等。

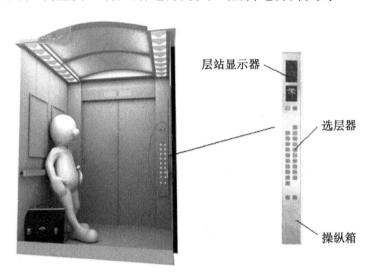

图2-13 轿厢内操纵箱

（4）限位开关装置：二层电梯中，轿厢的到位平层信号由限位开关发出。

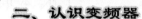

二、认识变频器

它是什么呢？让我们来认识一下吧！

本项目中二层电梯的电力拖动系统是由变频器控制三相异步电动机组成的，下面就让我们认识一下变频器的相关知识吧。

通用变频器驱动装置的使用

1. 通用变频器的工作原理

变频器是对交流电动机实现变频调速的装置，其功能是将电网电压提供的恒压恒频CVCF（constant voltage constant frequency）交流电变换为变压变频VVVF（variable voltage variable frequency）交流电，通过变频伴随变压，对交流电动机的速度、方向进行控制。

变频器可分为交—交变频器与交—直—交变频器两大类型，其结构对比如图2-14所示。

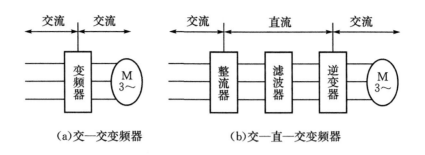

（a）交—交变频器　　　　　　　（b）交—直—交变频器

图2-14　通用变频器的工作原理

2. 通用变频器的构成原理

目前通用变频器产品最常用的是交—直—交电压型电路形式，其构成原理图如图2-15所示。

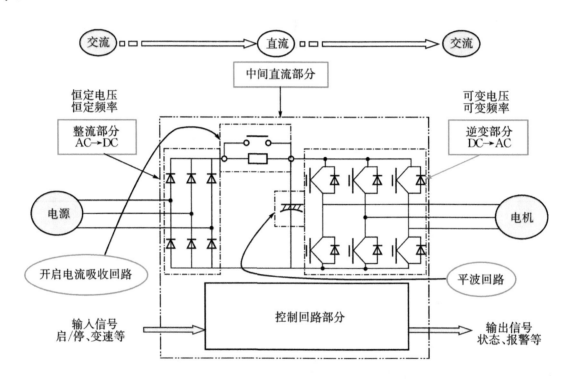

图2-15　交—直—交电压型变频器的构成原理图

通用变频器是如何来实现电动机的方向及速度控制？变频器控制输出正弦波的驱动电源是以恒电压频率比（U/f）保持磁通量不改变为基础，在经过正弦波脉宽调制（SPWM）驱动主电路，以产生U、V、W三相交流电驱动三相交流异步电动机。

该电路首先用二极管整流器接入电网，将频率固定的交流电整流变成直流电，经过电容滤波，获得平直的直流电压，再由逆变器将直流能量逆变成可以调频调压的新交流电。这个逆变器我们期望其输出电压波形为正弦波的逆变器，即SPWM逆变器。

正弦脉冲宽度调制（SPWM）：就是使逆变器的输出波形为一系列与正弦波等效（等幅不等宽）的矩形脉冲波形。它的工作原理是基于脉宽调制PWM原理。具体的内容查询相关网址：

http：//wenku.baidu.com/view/367bcf630b1c59eef8c7b453.html 正弦脉宽调制

http：//wenku.baidu.com/view/0e7356afdd3383c4bb4cd216.html 正弦脉宽调制控制

下面来认识我们用到的三菱变频器的知识吧！

认识三菱变频器

三菱通用变频器FR-A500（L）系列，由微机控制，具有先进的磁通矢量控制功能，低速时的转矩能力为100％，柔性PWM可实现更低噪音运行，操作及维护更简单。

1.三菱变频器外观图（见图2-16）

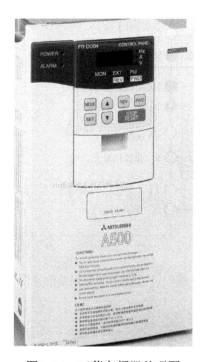

图2-16　三菱变频器外观图

2. FR-A500（L）变频器的框图（见图2-17）

◎ 主回路端子

○ 控制回路输入端子

● 控制回路输出端子

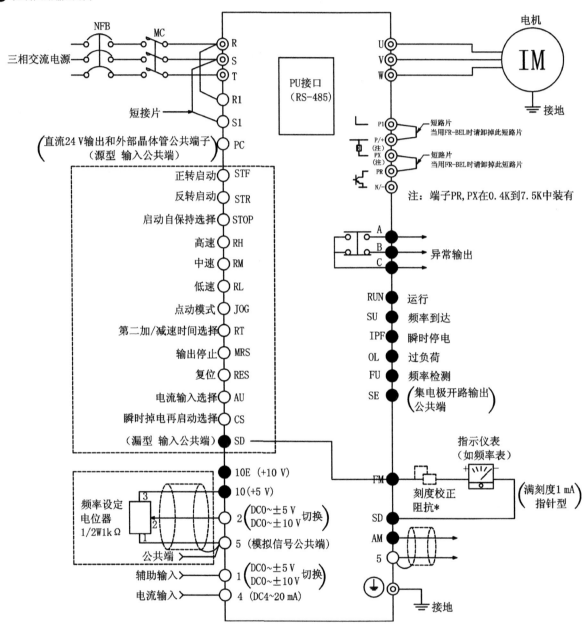

图2-17 FR-500变频器的框图

（1）主回路端子说明见表2-3。

（2）控制回路主要端子说明见表2-4。

表2-3　主回路端子说明

端子记号	端子名称	说明
R，S，T	交流电源输入	连接工频电源，当使用高功率因数转换器时，确保这些端子不连接（FR-HC）
U，V，W	变频器输出	接三相鼠笼电机
⏚	接地	变频器外壳接地用，必须接大地

表2-4　控制回路主要端子说明

类型		端子记号	端子名称	说明	
输入信号	启动接点·功能设定	STF	正转启动	STF信号处于ON便正转，处于OFF变停止。程序运行模式时为程序运行开始信号。（ON开始，OFF静止）	当STF和STR信号同时处于ON时，相当于给出停止指令
		STR	反转启动	STR信号处于ON为逆转，OFF为停止	
		STOP	启动自保持选择	使STOP信号处于ON，可以选择启动信号自保持	
		RH，RM，RL	多段速度选择	用RH，RM，RL信号的组合可以选择多段速度	输入端子功能选择（Pr.180到Pr.186）用于改变端子功能
		JOG	点动模式选择	JOG信号处于ON时选择点动运行（出厂设定）。用启动信号（STF和STR）可以点动运行	

3.变频器（FR-DU04）的操作面板

变频器操作面板各部分的名称见图2-18，按键功能如表2-5所示，单位显示如表2-6所示。

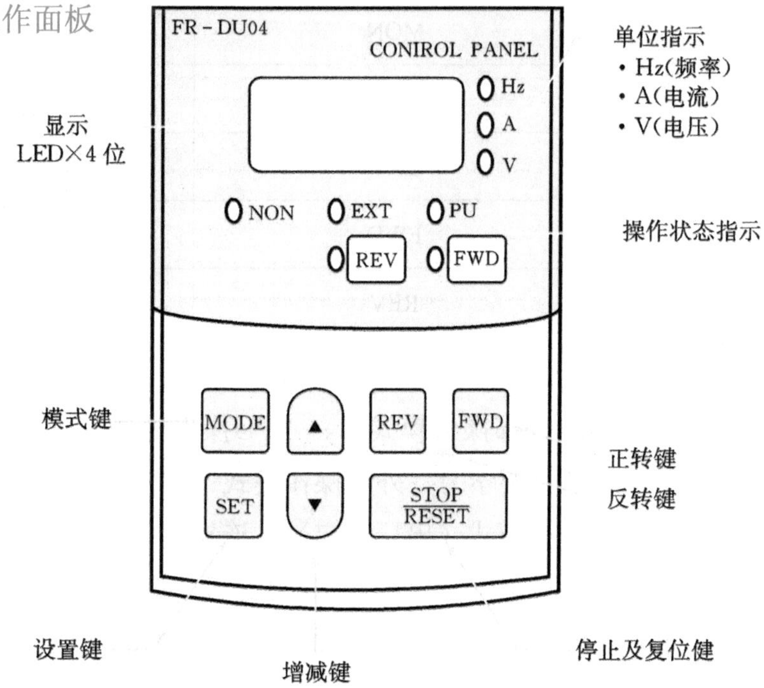

图2-18 变频器的操作面板的名称

表2-5　操作面板按键功能5

按键	说明
MODE 键	可用于选择操作模式或设定模式
SET 键	用于确定频率和参数的设定
▲ / ▼ 键	用于连续增加和降低运行频率。按下这个键可以改变频率；在设定模式中按下此键，则可连续设定参数
FWD 键	用于给出正传指令
REV 键	用于给出反传指令
STOP RESET 键	用于停止运行；用于保护功能动作输出停止时复位变频器（用于主要故障）

表2-6　单位显示，用于状态显示

显示	说明
HZ	显示频率时点亮
A	显示电流时点亮
V	显示电压时点亮
MON	监视显示模式时点亮
PU	PU操作模式时点亮
EXT	外部操作模式时点亮
FWD	正传时闪烁
REV	反转时闪烁

4. 三菱FR-A500型变频器的基本操作模式

变频器有"外部操作模式"、"PU操作模式"、"组合操作模式"和"通讯操作模式"四种。本书主要学习"外部操作模式"和"PU操作模式"两种。

（1）外部操作模式（出厂设定）：连接到端子板的外部操作信号（频率设定电位器，启动开关等）控制变频器的运行。接通电源，启动信号STF／STR置接通，则开始运行。

（2）PU操作模式：通过操作面板（FR-PU04／FR-DU04）按键操作，不需外接操作信号，可立即开始运行。

5. 三菱FR—A500型变频器主要参数介绍（见表2-7）

表2-7　变频器主要参数设定

序号	参数表	名称	设定范围	出厂设定	用途
1	Pr.1	上限频率	0～120 Hz	120 Hz	设定最大和最小输出频率
2	Pr.2	下限频率	0～120 Hz	0 Hz	
3	Pr.4	高速	0～400 Hz	50 Hz	三段速设定
4	Pr.5	中速	0～400 Hz	30 Hz	
5	Pr.6	低速	0～400 Hz	10 Hz	
6	Pr.24	第四速	0～400 Hz	9999	四至七段速设定
7	Pr.25	第五速	0～400 Hz	9999	
8	Pr.26	第六速	0～400 Hz	9999	
9	Pr.27	第七速	0～400 Hz	9999	
10	Pr.7	加速时间	0～3600 s	5 s	设定加减速时间
11	Pr.8	减速时间	0～3600 s	5 s	
12	Pr.9	电子过电流保护	0～500 A	额定输出电流	设定电子过电流保护的值，防止电动机过热或损坏变频器
13	Pr.14	适用负荷选择	0～3	0	选择与用途、负载特性等最适宜的输出特性
14	Pr.71	试用电动机	0、1、3 5、6、等	0	按使用电动机设定电子过电流保护器的热特性
15	Pr.77	参数写入或禁止	1、2、3	0	用于选择变频器的操作模式
16	Pr.79	操作模式选择	0～4 6～8	0	选择参数写入禁止或允许，用于防止参数值被意外改写
17	Pr.80	电动机容量	0.2～7.5 kW	9999	可以选择通用磁通矢量控制
18	Pr.82	电动机额定电流	0～500 A	9999	当用通用磁通矢量控制时，设定为电动机的额定电流
19	Pr.83	电动机额定电压	0～1000 V	200 / 400 V	设定电动机的额定电压
20	Pr.84	电动机额定频率	50～120 Hz	50 Hz	设定电动机的额定频率

 查阅资料

FR-A500变频器控制端子说明、具体操作方法参见附录四。参数设置请参阅三菱FR-A500型变频器操作手册。

开始工作吧！

别急，还是和前面的任务一样，工作之前要先制定计划！

制定工作计划和方案

先看看我们的工作流程吧！

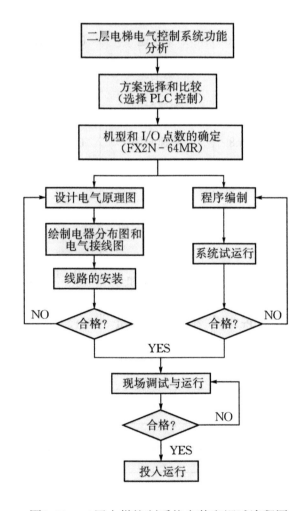

图2-19 二层电梯控制系统安装和调试流程图

有了上面的流程图做参考，我们来制定工作计划吧！请把制定的计划填入表2-8中。

表2-8　二层电梯控制系统安装与调试工作计划表

工作阶段	工作内容	工作周期	备注

对了，我们还要把工具准备齐了！

表2-9　装配用工具、仪器配备清单

编号	工具名称	规格	数量	主要作用
1				
2				
3				
4				
…				

计划已经制定好了，开始实施吧！

好呀！

任务实施

步骤一 **识读二层电梯电气控制系统原理图**

我们先来读图吧！

二层电梯的电气原理图见附录图F-1，请识读主电路图，补充完成控制回路图。

 **步骤二** 编制二层电梯电气控制系统控制程序

1. 确定出PLC的输入和输出地址分配表

温馨提示

二层电梯电气控制程序编程步骤

（1）根据控制要求进行I／O分配，参考如表2-10；

（2）根据控制要求划分成若干模块，逐步完成逻辑控制；

（3）在每个模块中画出流程图，参考流程图见图2-20，再进行程序编制。

表2-10　二层电梯参考I／O分配表

序号	输入			输出		
	输入信号	PLC输入地址	作用	输出信号	PLC输出地址	作用
1	一层检测开关	X000		电机正转	Y000	
2	二层检测开关	X001		电机反转	Y001	
3						
4						
...						

请补充填写输入和输出信号！

2. 编制控制程序

二层电梯电气控制程序参考流程图如图2-20所示。

有了以上的提示，让我们来绘制梯形图吧！

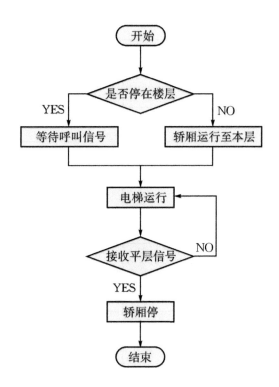

图2-20 二层电梯电气控制程序参考流程图

请在下面的图框中绘制二层电梯的梯形图。

梯形图：

3.模拟调试

将程序下载到PLC中，进行模拟调试。这一步很重要，请将调试的结果填入下表2-11中！

表2-11 二层电梯电气控制系统模拟调试记录表

启动输入信号	负载名称	状态		原因分析	解决方法
		ON	OFF		
召唤按钮	一楼向上呼叫按钮				
	二楼向下呼叫按钮				
操纵箱按钮	一层选层按钮				
	二层选层按钮				
限位开关	上限位				
	下限位				
方向指示灯	上行指示灯				
	下行指示灯				
按钮指示灯	开门按钮				
	……				
继电器	开门继电器				
	……				

步骤三 绘制二层电梯电气控制系统控制柜电器元件布局图

图2-21是某电梯电气控制系统控制柜布局图。在有限的空间里放置很多元件，需要好好地规划一下。

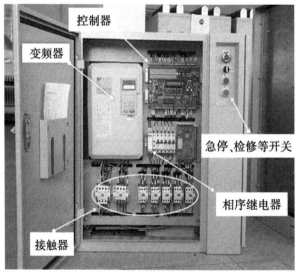

图2-21 某电梯电气控制系统控制柜布局图

请参考图2-21在下面图框中绘制二层电梯的电器布局图。

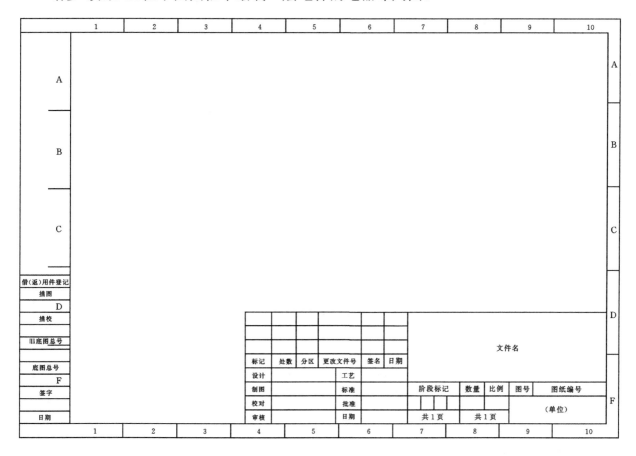

						文件名				
标记	处数	分区	更改文件号	签名	日期					
设计			工艺							
制图			标准			阶段标记	数量	比例	图号	图纸编号
校对			批准							
审核			日期			共1页		共1页		（单位）

借（返）用件登记
描图
描校
旧底图总号
底图总号
签字
日期

步骤四 绘制二层电梯电气控制系统接线图

绘制好了原理图和布局图，绘制接线图就简单了，开始吧！

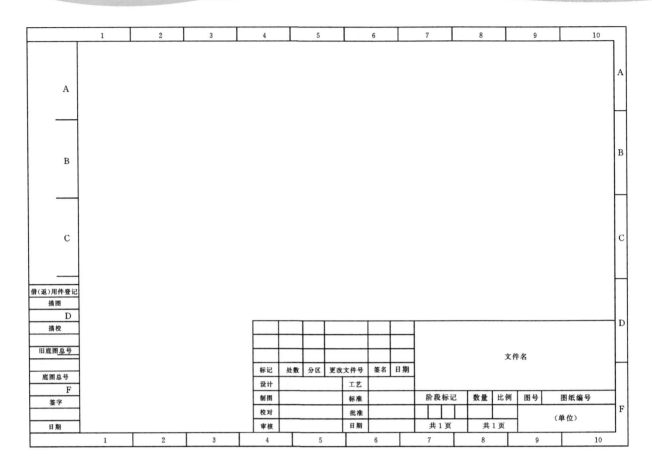

步骤五 安装二层电梯电气控制系统元器件

1.确定并领取元器件

元器件清单见表2-12，请补充填写型号及规格。

表2-12　二层电梯电气控制系统的元器件清单

序号	元器件名称	型号及规格	数量
1	三相异步电动机		
2	变频器		
3	PLC		
4	开关电源		
5	三相低压断路器		
6	两相低压断路器		
7	按钮		
8	显示灯发光二极管		

续表

序号	元器件名称	型号及规格	数量
9	限位开关		
10	其他		
11	层检测开关		
12	电动机动力线		
13	扎带		
...			

材料管理员：　　　　　领料人：　　　　　日期：

补充需要的元器件及型号！

领取时一定要核对型号、检查元器件的质量，确定是否合格呦！

2.安装二层电梯电气控制系统的元器件

温馨提示

　　根据二层电梯电气布局图来安装操作面板的元器件和电气控制柜的元器件。先思考一下安装的顺序及步骤。

请按照安装步骤填写下表2-13。

表2-13　二层电梯电气控制系统的安装步骤

序号	元器件安装步骤	安装中遇到的问题	采取的措施	备注
1				
2				
3				
...				

步骤六 二层电梯电气控制系统的接线

现在开始进行电气控制系统的接线，还是有一些地方要注意哦。

温馨提示

二层电梯电气控制系统的接线步骤

（1）按电气控制板的电器布局图进行电气控制系统的接线；

（2）连接轿厢内外的按钮及显示元件；

（3）连接变频器及三相交流异步电动机；

（4）连接限位开关。

知 识 链 接

交流异步电动机的使用注意事项

交流异步电动机我们并不陌生，但还是有些问题需要注意：三相异步电动机在运行过程中，若其中一相和电源断开，则变成单相运行，此时电动机仍会按原来方向运转。但若负载不变，三相供电变为单相供电，电流将变大，导致电动机过热。使用中要注意这种现象。三相异步电动机若在启动前有一相断电，将不能启动，此时只能听到嗡嗡声，常时间启动不了，也会过热，必须尽快排出故障。另外，需注意外壳的接地线必须可靠地接大地，以防止漏电引起的人身伤害。

变频器的接线

（1）主回路接线说明：控制端子分别按图2-22的说明接线，其中，输入端子R、S、T接三相电源，输出端子U、V、W接电动机。

图中有两点需要注意：一是屏蔽，二是接地。滤波器到变频器、变频器到电动机的线采用屏蔽线，并且屏蔽线需要接地，另外带电设备的机壳要接地。

（2）根据变频器的输入（R、S、T）和输出（U、V、W）所用电缆和线端子及拧紧螺丝的力矩表（见表2-14），选择相应的线径和力矩。

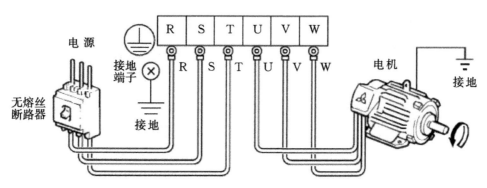

电源线必须接 R、S、T
绝对不能接 U、V、W, 否则会
损坏变频器

[没有必要考虑相序]

[使用单相电源时必须接 R,S]

电机接到 U、V、W
如上图所示连接时,
加入正转开关(信号)时,
电机旋转方向从轴向看
时为逆时针方向(箭头所示)

图2-22　主回路接线说明

表2-14 变频器的输入和输出所用电缆和线端子及拧紧螺丝的力矩表

适用变频器型号	端子螺丝尺寸	拧紧力矩/(N·m)	线端子		电缆			
			R, S, T	U, V, W	R, S, T	U, V, W	R, S, T	U, V, W
FR-A540-0.4K~3.7K	M4	1.5	2-4	2-4	2	2	14	14
FR-540-5.5K	M4	1.5	5.5-4	2-4	3.5	2	12	14
FR-540-7.5K	M4	1.5	5.5-4	5.5-4	3.5	3.5	12	12
FR-540-11K	M6	4.4	5.5-6	5.5-6	5.5	5.5	10	10
FR-540-15K	M6	4.4	11-6	8-6	14	8	6	8
FR-540-18.5K	M6	4.4	14-6	8-6	14	8	6	8
FR-540-22K	M6	4.4	22-6	14-6	22	14	4	6
FR-540-30K	M6	4.4	22-6	22-6	22	22	4	4
FR-540-37K	M8	7.8	38-8	22-8	38	22	2	4
FR-540-45K	M8	7.8	38-8	38-8	38	38	2	2
FR-540-55K	M8	7.8	60-8	60-8	60	60	1 / 0	1 / 0

请在表2-15中填写二层电梯电气控制系统的接线步骤。

表2-15 二层电梯电气控制系统接线步骤

序号	接线步骤	接线中遇到的问题	采取的措施	备注
1				
2				
3				
4				
...				

步骤七 二层电梯电气控制系统通电前的检查

为了确保电气控制系统正常工作，在第一次调试之前都要对系统进行通电前检查！

（1）本任务电气控制线路通电前的检查请按照检查流程进行。

（2）根据二层电梯的电气原理图对安装完毕的控制面板和外围电路逐线检查，核对线号，防止错接、漏接；

（3）检查各接线端子的情况是否有虚接情况，及时改正；

（4）没有外露铜丝过长、一个接线端子上有超过两个接头等不符合工艺要求的现象。

按照提示进行操作，把检查结果填入结果记录表2-16中。

步骤八 二层电梯电气控制系统调试与验收

1.通电调试

在检查电路连接满足工艺要求，并且电路连接正确，无短路故障后，可接通电源，请按图2-23的流程进行通电调试！并把结果填入表2-18中。

表2-16　二层电梯电气控制系统通电前检查结果记录表

序号	检查部位	工艺检查		检测结果（状态）			异常处理措施
		合格	不合格	通路	断路	短路	
1							
2							
3							
...							

请将调试结果记入记录表2-17中。

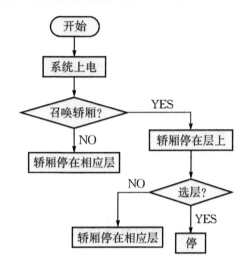

图2-23　二层电梯电气控制系统调试流程图

表2-17　二层电梯电气控制系统调试结果记录表

序号	功能	信号	检测项目	检测结果状态		故障原因	故障排除
				正常	故障		
1	启动	启动按钮	电机及指示灯				
2	召唤	一层呼叫按钮	一层显示；平层				
3		二层呼叫按钮	二层显示；平层				
4	选层	一层选层按钮	电机运行				
5		二层选层按钮	电机运行				
6	开门	开门、关门按钮	开门、关门				
7	极限位	限位开关	上下极限位置				
...							

2.现场整理

工作中，记得要按照6S的要求对现场进行管理哦！并将结果填入表2-18中哦！

表2-18　现场整理情况

名称 ＼ 要求	整理	整顿	清扫	清洁	安全
设备					
工具					
工作场地					

注：完成的项目打√，没有完成的打×。

3.技术文件整理

现在我们对技术文件进行整理！请按表2-19的要求整理资料。

表2-19　技术文件整理情况

名称 ＼ 内容	资料所包括内容
项目前期资料收集	
项目中期资料汇总	
项目开发设计过程记录	
项目资料整理	
项目资料上交	

4.验收交付

完工了，请验收吧！验收单如表2-20所示！

表2-20 二层电梯控制系统的安装与调试设备交付验收单

设备交付验收单			
验收部门		验收日期	
设备名称	二层电梯控制系统		
验收情况			
序号	内容	验收结果	备注
1	楼层显示是否正常		
2	召唤是否正常		
3	选层是否正常		
4	开关门是否正常		
5	平层是否正常		
6	限位是否正常		
7	运行是否无异常声响		
8	安全装置齐全可靠		
9	工作现场是否已按6S整理		
10	工作资料是否已整理完毕		
…			
验收结论：			
验 收 结 果	操作者自检结果： □合格 □不合格 签名： 　　　　年　月　日	检验员检验结果： □合格 □不合格 签名： 　　　　年　月　日	

终于完成任务了，好开心呀！

我们进步很大呀，来总结一下我们学到了什么？

工作小结

我们完成这项任务
后学到的知识、技
能和素质！

我们还有这些地方
做得不够好，我们
要继续努力！

项目2 三层电梯控制系统的安装与调试

看看我们要干什么！

　　某小型仓库共三层，计划安装一部三层电梯，如图2-24所示。我公司接到该仓库的投标书，按工期进度已经完成了电梯机械部件的安装，电气元件选型与计算，现要求公司电气工程人员进行电梯轿厢电气控制系统程序的编制和线路安装、调试环节的工作，此项工作工期为5天，完工后交仓库公司验收。

图2-24 某仓库升降货梯

接受任务

完这是上级部门给我们的工作任务单！

表2-21　工作任务单

工作地点		工　　时		40 h	任务接受部门	电气维修部门
下发部门	电气工程部	下发时间			完成时间	
三层电梯电气控制系统的工作内容						备注
完成三层电梯电气控制系统的安装与调试，完工后交部门验收，并提供相关资料。具体工作如下： 　　（1）根据控制要求，设计三层电梯的电气控制原理图。 　　（2）编写三层电梯的PLC程序。 　　（3）根据原理图绘制接线图。 　　（4）绘制元件的布局图。 　　（5）完成系统的安装和调试，达到系统的控制要求。 　　（6）提供相关技术资料。 　　（7）变频器维护与保养。 　　（8）三层电梯常见故障的诊断与排除。						
三层电梯电气控制系统的功能						备注
（1）本系统采用轿厢外召唤、轿厢内按钮控制形式。轿厢内、外均由指令按钮进行操作。每层楼的厢外设有呼叫按钮SB6～SB9，厢内设有开门按钮SB1，关门按钮SB2，选层按钮SB3～SB5。 　　（2）电梯运行到各楼层后，具有自动开/关门的功能，也能手动开门和关门。 　　（3）利用指示灯显示电梯厢外的呼叫信号、电梯厢内的指令信号和电梯到达信号。 　　（4）能自动判断电梯运行方向，并发出相应指示信号。 　　（5）电梯上下运行由一台主电机驱动。电机正转，电梯上升；电动反转，电梯下降。 　　（6）电梯轿厢门由另一台小功率电机驱动。电机正转，厢门打开；电机反转，厢门关闭。						

续表

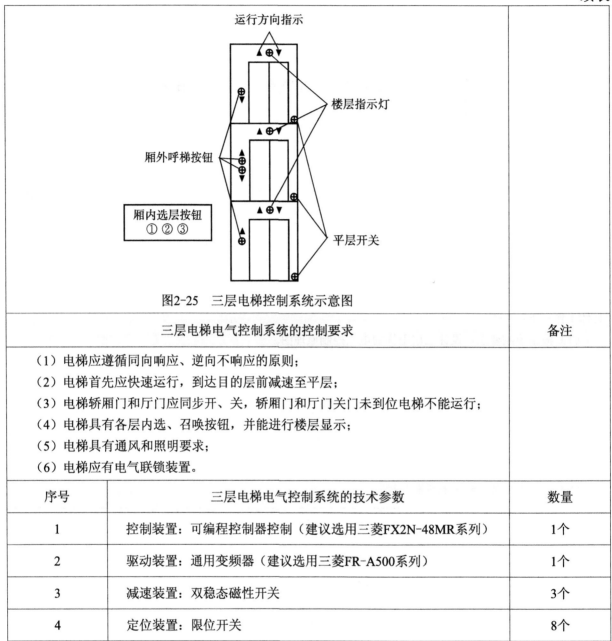

图2-25　三层电梯控制系统示意图

三层电梯电气控制系统的控制要求	备注
（1）电梯应遵循同向响应、逆向不响应的原则； （2）电梯首先应快速运行，到达目的层前减速至平层； （3）电梯轿厢门和厅门应同步开、关，轿厢门和厅门关门未到位电梯不能运行； （4）电梯具有各层内选、召唤按钮，并能进行楼层显示； （5）电梯具有通风和照明要求； （6）电梯应有电气联锁装置。	

序号	三层电梯电气控制系统的技术参数	数量
1	控制装置：可编程控制器控制（建议选用三菱FX2N-48MR系列）	1个
2	驱动装置：通用变频器（建议选用三菱FR-A500系列）	1个
3	减速装置：双稳态磁性开关	3个
4	定位装置：限位开关	8个

电梯小常识

　　集选控制：集选控制是将轿厢内指令与厅外召唤等各种信号集中进行综合分析处理的高度自动控制功能。它是指能对轿厢指令、厅外召唤登记，停站延时自动关门起动运行，同向逐一应答，自动平层自动开门，顺向截梯，自动换向反向应答的能自动应召服务。

　　光幕感应装置：利用光幕效应，若关门时仍有乘客进出，则轿门未触及人体就能自动重新开门。

工作任务单看完了，是不是还有很多不清楚的地方？

我们应该再多了解一些电器部件方面的知识。

相关知识学习

一、认识三层垂直运动电梯的平层信号

平层减速信号

轿厢经过高速运行后，使用平层减速装置可以寻找减速信号，在平层区域内使轿厢地坎与层门地坎达到同一平面。图2-26是电梯中平层感应装置的形式。

(a)干簧管感应器　　　　　　　(b)电子光电感应器

图2-26　平层感应装置

常见的平层感应装置主要采用双稳态磁性开关（以下简称双稳态开关）作为电梯平层减速的触发开关。图2-27是双稳态开关的结构图，当电梯轿厢按轿内或轿外指令运行到站进入平层区时，平层隔磁（或隔光）板即插入感应器中，切断干簧感应器磁回路（或遮挡电子光电感应器红外线光线），接通或断开有关控制电路，控制电梯减速自动平层。

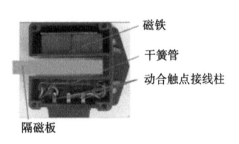

磁铁
干簧管
动合触点接线柱
隔磁板

图2-27　双稳态开关的结构

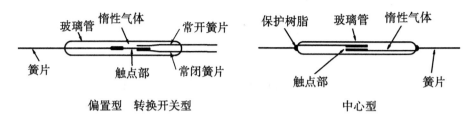

偏置型　转换开关型　　　　　　　　　　中心型

图2-28　干簧管结构及原理图

干簧管是一种磁敏开关。图2-28是干簧管结构及其原理图。干簧管通常由两个或三个既导磁又导电的材料做成的簧片触点，被封装在充有惰性气体或真空的玻璃管里，玻璃管内平行封装的簧片端部重叠，并留有一定间隙或相互接触以构成开关的常开或常闭接点。

当永久磁铁靠近干簧管时，或者由绕在干簧管上面的线圈通电后形成磁场使簧片磁化时，簧片的接点就会感应出极性相反的磁极。由于磁极极性相反而相互吸引，当吸引的磁力超过簧片的抗力时，分开的接点便会吸合；当磁力减小到一定值时，在簧片抗力的作用下接点又恢复到初始状态。这样便完成了一个开关的动作。

 **限位开关装置**

为防"冲顶"、"蹲底"现象，在井道中常设置减速开关、限位开关和极限开关。常见的限位开关的形式有：

减速开关（强迫减速开关）——安装在电梯井道内顶层和底层附近，第一道防线。

限位开关（端站限位开关）——电梯同样有上、下限位开关各1个，安装在上下减速开关的后面。上限位开关动作后，如下面层楼有召唤，电梯能下行；下限位开关动作后，如上面楼层召唤，电梯也能上行。

极限开关（终端极限开关）——是电梯安全保护装置中最后一道电气安全保护装置。有机械式和电气式两种。机械式常用于慢速载货电梯，是非自动复位的；电气式常用于载客电梯中（该开关动作后电梯不能再启动，排除故障后在电梯机房将此开关短路，慢车离开此位置之后才能使电梯恢复运行）。

特别提示

国标规定：极限开关必须在轿厢或对重未触及缓冲器之前动作。

我们来学习一下变频器维护和诊断方面的知识吧！

二、三菱FR-A500变频器的维护

通用变频器是以半导体元件为中心而构成的静止机器。为了防止变频器由于温度、潮湿、灰尘、污垢和振动等使用环境的影响，以及元件的老化、寿命等其他原因，必须进行日常检查。

维护和检查时的注意事项

断开电源后不久，平波电容上仍然剩余有高压电。当进行检查时，断开电源，过 10 分钟后用万用表等确认变频器主回路 P-N 端子两端电压在直流 30 V 以下后进行。

1. 检查项目

（1）日常检验如下：

①电机运行是否异常；

②安装环境是否合适；

③冷却系统是否异常；

④ 是否有异常振动声音；

⑤是否出现过热和变色。

（2）清洁：始终保护变频器在清洁状态。当清洁变频器时，请用柔软布料浸入中性清洁剂或铵基乙醇轻轻地擦去变脏的地方。

2. 定期检查

检查运行时难以检查到的地方要求做定期检查。对于定期检查我们要考虑以下几个方面：

（1）冷却系统：清扫空气过滤器等。

（2）螺丝和螺栓：这些部位由于振动、温度的变化等造成松动，检查它们是否可靠拧紧，并且必要时重新拧紧。

（3）导体和绝缘物质：检查是否被腐蚀和损坏。

（4）测量绝缘电阻。

（5）检查和更换冷却风扇、继电器。

三、三菱FR-A500变频器的故障诊断及排除

出错（报警）

如果变频器发生异常停止后，保护功能动作，产生报警，操作面板显示自动切换到显示下列错误（异常）。如果没有下列显示，或其他为难的问题，请与经销店或公司营业所联系。

保护功能动作后，请处理引起的原因后，变频器再复位，然后开始运转。

复位的方法：如果保护功能动作，变频器保持输出停止状态（电机惯性停止），不复位则不会再启动。复位有三种方法：电源切断后再投入；复位端子RES-SD之间0.1秒以上短路后再打开；按下操作面板，参数单元的STOP／RESET键（使用参数单元的帮助功能）。如果持续保持RES-SD之间短路状态，操作面板显示"Err."，告知参数单元处于复位状态。

变频器出现故障会产生出错报警，具体显示内容及排除方法参考FR-A500使用手册。

故障说明

1. 感应器故障

（1）故障1：上强迫减速感应器损坏，电梯不能正常上行但可下行。

（2）故障2：下强迫减速感应器损坏，电梯不能正常下行但可上行。

（3）故障3：上限位感应器损坏，电梯不能上行但可下行。

（5）故障4：下限位感应器损坏，电梯不能下行但可上行。

（6）故障5：触板开关失灵，安全触板无效。

（7）故障6：开关门按钮失灵。

（8）故障7：内选按钮失灵，所选楼层按钮信号不能登记。

（9）故障8：上呼按钮失灵，所选楼层按钮信号不能登记。

（10）故障9：下外呼按钮失灵，所选楼层按钮信号不能登记。

（11）故障10：开关门到位开关损坏不能闭合，引起开门或关门继电器不能吸合。

2. 触点、开关、按钮故障

（1）故障11：厅门联锁开关回路故障，电梯不能运行。

（2）故障12：轿门锁开关故障，电梯不能运行。

（3）故障13：安全回路、电气回路故障，电梯不能进行操作。

（4）故障14：相序、热继电器故障，电梯不能进行操作。

（5）故障15：安全回路继电器触点接触不良，电梯不能进行任何操作。

（6）故障16：门联锁回路继电器触点接触不良，电梯不能运行但可开关门。

（7）故障17：开门回路开门继电器触点接触不良，导致门电机没电，不能开门。

（8）故障18：关门回路关门继电器触点接触不良，导致门电机没电不能关门。

（9）故障19：开关门继电器回路的开关门继电器常闭触点接触不良，导致开门继电器或关门继电器不能吸合。

（10）故障20：主接触器的全回路继电器或门联锁继电器触点接触不良。

3. PLC输出继电器故障

（1）故障21：内选按钮灯输出继电器损坏，按钮灯不亮。

（2）故障22：楼层显示输出继电器损坏，不能显示相应楼层。

（3）故障23：PLC输出故障，引起变频器误动作或不能动作。

4.常见故障排除的方法

（1）缺相，错相保护：当外电源错相或缺相时控制屏中的相序保护继电器动作，指示灯为红色，这时可变换相序或检查是否缺相即可。

（2）曳引机抱闸不可打开，应检查：抱闸弹簧是否太紧；110 V抱闸回路保险丝是否烧断；110 V整流桥是否烧断。

（3）门锁回路不通，应检查：门锁触点是否接触良好，可用万能表测量其触点电阻。

（4）安全回路不通，应检查：电梯的安全开关是否合上，开关是否正常。

（5）门机过慢或过快，可调整：门机调整电阻或检查门机碳刷是否磨损。

（6）平层不准，可调整：平层感应器的位置。

四、认识光电开关

光电开关是传感器大家族中的成员，它把发射端和接收端之间光的强弱变化转化为电流的变化以达到探测的目的。由于光电开关输出回路和输入回路是电隔离的（即电缘绝），所以它可以在许多场合得到应用。

光电开关工作原理

光电开关（光电传感器）是光电接近开关的简称，它是利用被检测物对光束的遮挡或反射，由同步回路选通电路，从而检测物体有无的。被检测的物体不限于金属，所有能反射光线的物体均可被检测。光电开关将输入电流在发射器上转换为光信号射出，接收器再根据接收到的光线的强弱或有无对目标物体进行探测。光电开关的工作原理如图2-29所示。多数光电开关选用的是波长接近可见光的红外线光波型。

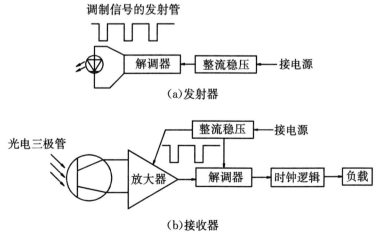

图2-29　光电开关的工作原理示意图

光电开关分类

（1）漫反射式光电开关：它是一种集发射器和接收器于一体的传感器。当有被检测物体经过时，物体将光电开关发射器发射的足够量的光线反射到接收器，于是光电开关就产生了开关信号。当被检测物体的表面光亮或其反光率极高时，漫反射式的光电开关是首选的检测模式，如图2-30（a）所示。

（2）镜反射式光电开关：它也是集发射器与接收器于一体的传感器。光电开关发射器发出的光线经过反射镜反射回接收器，当被检测物体经过且完全阻断光线时，光电开关就产生了检测开关信号，如图2-30（b）所示。

（3）对射式光电开关：它包含了在结构上相互分离且光轴相对放置的发射器和接收器，发射器发出的光线直接进入接收器，当被检测物体经过发射器和接收器之间且阻断光线时，光电开关就产生了开关信号。当检测物体为不透明时，对射式光电开关是最可靠的检测装置，如图2-30（c）所示。

（4）槽式光电开关：它通常采用标准的U字形结构，其发射器和接收器分别位于U形槽的两边，并形成一光轴。当被检测物体经过U型槽且阻断光轴时，光电开关就产生了开关量信号。槽式光电开关比较适合检测高速运动的物体，并且它能分辨透明与半透明物体，使用安全可靠，如图2-30（d）所示。

（5）光纤式光电开关：它采用塑料或玻璃光纤传感器来引导光线，可以对距离远的被检测物体进行检测。通常光纤传感器分为对射式和漫反射式，如图2-30（e）所示。

| (a) | (b) | (c) | (d) | (e) |

图2-30 部分光电开关外形图

各种光电开关的光线工作示意图如图2-31所示。

光电开关使用注意事项

（1）红外线传感器属漫反射型的产品，所采用的标准检测体为平面的白色画纸。

（2）红外线光电开关在环境照度高的情况下都能稳定工作，但原则上应回避将传感器光轴正对太阳光等强光源。

（3）对射式光电开关最小可检测宽度为该种光电开关透镜宽度的80%。

（4）当使用感性负载（如灯、电动机等）时，其瞬态冲击电流较大，可能劣化或损坏交流二线的光电开关，在这种情况下，请将负载经过交流继电器来转换使用。

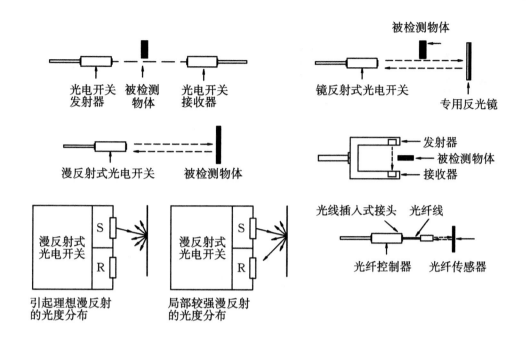

图2-31　各种光电开关的光线工作示意图

（5）红外线光电开关的透镜可用擦镜纸擦拭，禁用稀释溶剂等化学品，以免永久损坏塑料镜。

（6）针对用户的现场实际要求，在一些较为恶劣的条件下，如灰尘较多的场合，所生产的光电开关在灵敏度的选择上增加了50%，以适应在长期使用中延长光电开关维护周期的要求。

（7）产品均为SMD工艺生产制造，并经严格的测试合格后才出厂，在一般情况下使用均不会出现损坏。为了避免意外发生，请用户在接通电源前检查接线是否正确，核定电压是否为额定值。

制定工作计划和方案

先看看我们的工作流程吧！

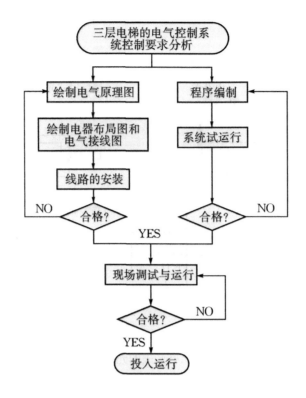

图2-32　三层电梯控制系统安装和调试流程图

有了上面的流程图做参考，我们来在表2-22中制定工作计划吧！

表2-22　三层电梯控制系统的安装与调试工作计划表

工作阶段	工作内容	工作周期	备注

对了，我们还要把工具准备齐了！

请把装配用的工具、仪器填入表2-23中。

表2-23 装配用工具、仪器配备清单

编号	工具名称	规格	数量	主要作用
1				
2				
3				
4				
…				

计划已经制定好了，开始实施吧！

好呀！

任务实施

步骤一 **识读三层电梯电气控制系统原理图**

我们先来读图吧！

请识读附录一图F-2三层电梯电气原理图的主电路图，补充完成控制回路。

步骤二 **编制三层电梯电气控制系统控制程序**

1. 确定出PLC的输入和输出地址分配表

温馨提示

　　本任务中的召唤按钮、选层按钮、开关门按钮、传感器信号、启动按钮、停止按钮、急停按钮等均可作为输入信号；按钮指示灯、继电器可作为输出信号。

需要哪些输入输出赶快确定吧！填在表2-24中。

表2-24 PLC的输入和输出地址分配表（参考）

序号	输入			输出		
	输入继电器	电路元件	作用	输出继电器	电路元件	作用
1	X000	SB1	开门按钮	Y001	KM1	开门继电器
2	X001	SB2	关门按钮	Y002	KM2	关门继电器
3	X002	SQ1	开门行程开关	Y003	KM3	上行继电器
4	X003	SQ2	关门行程开关	Y004	KM4	下行继电器
5	X004	SQ3	向上运行极限开关	Y005	KM5	加速继电器
6	X005	SQ4	向下运行极限开关	Y006	KM6	快速继电器
7	X006	SL1	红外传感器（左）	Y007	KM7	减速继电器
8	X007	SL2	红外传感器（右）	Y010	HL1	上行方向灯
9	X010	K	门锁输入信号	Y011	HL2	下行方向灯
10	X011	SQ5	一层接近开关	Y012	HL3	一层指示灯
11	X012	SQ6	二层接近开关	Y013	HL4	二层指示灯
12	X013	SQ7	三层接近开关	Y014	HL5	三层指示灯
13	X014	SB3	一层选层按钮	Y015	HL6	一层选层按钮指示灯
14	X015	SB4	二层选层按钮	Y016	HL7	二层选层按钮指示灯
15	X016	SB5	三层选层按钮	Y017	HL8	三层选层按钮指示灯
16	X017	SB6	一楼向上呼叫按钮	Y020	HL9	一层向上呼叫按钮灯
17	X020	SB7	二楼向上呼叫按钮	Y021	HL10	二层向上呼叫按钮灯
18	X021	SB8	二楼向下呼叫按钮	Y022	HL11	二层向下呼叫按钮灯
19	X022	SB9	三楼向下呼叫按钮	Y023	HL12	三层向下呼叫按钮灯

续表

序号	输入			输出		
	输入继电器	电路元件	作用	输出继电器	电路元件	作用
20	X023	SQ8	一楼下减速开关			
21	X024	SQ9	二楼上减速开关			
22	X025	SQ10	三楼上减速开关			
23	X026	SQ11	二楼下减速开关			

2.编制控制程序

（1）根据控制要求进行I／O分配；

（2）根据控制要求划分成若干模块，逐步完成逻辑控制；

（3）在每个模块中写出流程图，再进行程序编制。

有了图2-33的提示，让我们来绘制梯形图吧！

3.模拟调试

将程序下载到PLC中，进行模拟调试。这一步很重要，请将调试的结果填入下表2-25中！

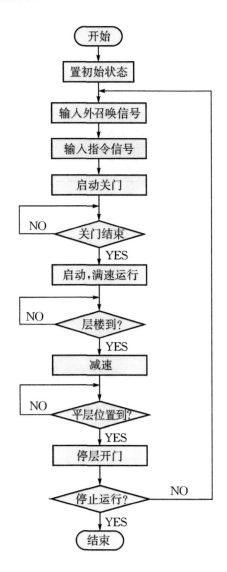

图2-33 三层电梯电气控制程序参考流程图

梯形图：

表2-25 三层电梯电气控制系统模拟调试记录表

启动输入信号	负载名称	状态		原因分析	解决方法
		ON	OFF		
召唤按钮	一楼向上呼叫按钮				
	二楼向下呼叫按钮				
	……				
操纵箱按钮	一层选层按钮				
	二层选层按钮				
	……				
传感器限位开关	开门行程开关				
	红外传感器（左）				
	……				
方向指示灯	上行指示灯				
	下行指示灯				
按钮指示灯	开门按钮				
	……				
继电器	开门继电器				
	……				

步骤三 绘制三层电梯电气控制系统控制柜电器元件布局图

请在下面图框中绘制三层电梯的布局图。

工业自动化设备 安 装 与 调 试

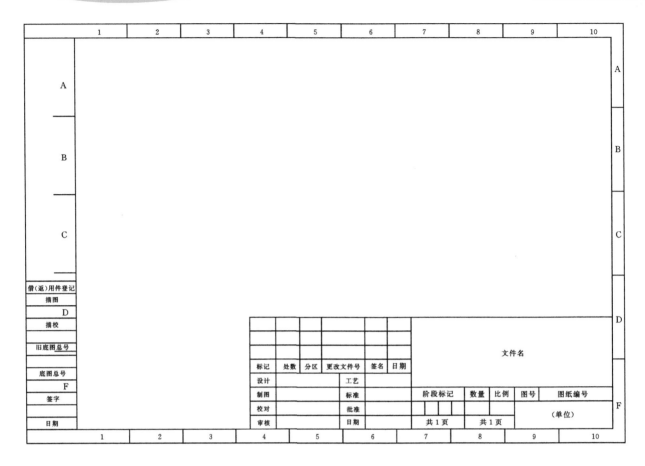

					文件名		
标记	处数	分区	更改文件号	签名	日期		
设计			工艺				
制图			标准		阶段标记	数量	比例	图号	图纸编号
校对			批准				(单位)
审核			日期		共1页	共1页	

借(返)用件登记
描图
描校
旧底图总号
底图总号
签字
日期

步骤四 绘制三层电梯电气控制系统接线图

绘制好了原理图和布局图，绘制接线图就简单了，开始吧！

步骤五 安装三层电梯电气控制系统元器件

1.填写元件清单并领取元件（见表2-26）

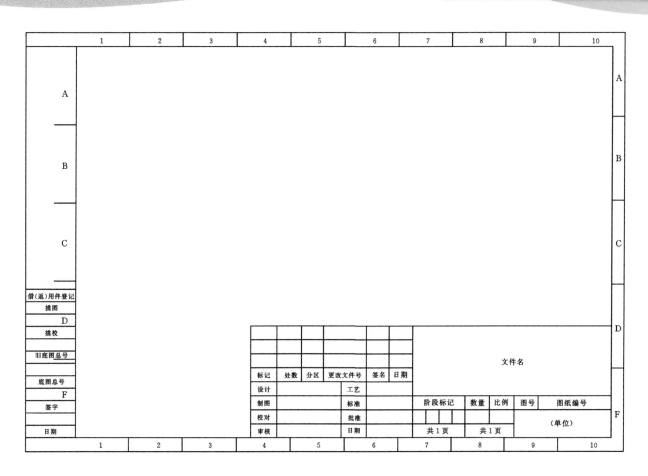

表2-26　三层电梯电气控制系统的元器件清单

序号	元器件名称	型号及规格	数量
1	变频器	三菱FR-A540	1台
2	可编程控制器	FX2N-3U-48	1个
3	三相异步电动机		2台
4			
5			
…			

材料管理员：　　　　　领料人：　　　　　　日期：

补充需要的元器件！

 领取时一定要核对型号、检查元件的质量，确定是否合格呦！

2.安装三层电梯电气控制系统的元器件

根据三层电梯电气布局图来安装操作面板的元器件和电气控制柜的元器件。先思考一下安装的顺序及步骤吧！

请按照安装步骤填写表2-27。

表2-27　三层电梯电气控制系统的安装步骤

序号	元器件安装步骤	安装中遇到的问题	采取的措施	备注
1				
2				
3				
4				
...				

步骤六 三层电梯电气控制系统的接线

现在开始进行电气控制系统的接线，还是有一些地方要注意哦！

　　　　　　三层电梯电气控制系统的接线步骤
（1）按电气控制板的电器布局图进行电气控制系统的接线；
（2）连接轿厢内外的按钮及显示元件；
（3）连接变频器及三相交流异步电动机；
（4）连接限位开关。

双稳态开关的接线方法

光电传感器或U形磁感应传感器安装位置如图2-34所示。

图2-34　隔磁板与干簧管感应器示意图及实物图

注意：平层感应装置安装在轿顶上，平层隔磁（隔光）板安装在每层层站平层位置附近井道壁上。

光电开关接线图

（1）接近开关有两线制和三线制之区别，三线制接近开关又分为NPN型和PNP型，它们的接线是不同的，如图2-35所示。

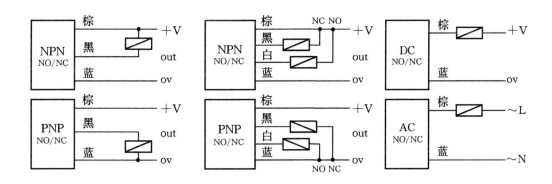

图2-35　光电开关接线

（2）两线制接近开关的接线比较简单，接近开关与负载串联后接到电源即可。

（3）三线制接近开关的接线：红（棕）线接电源正端；蓝线接电源0 V端；黄（黑）线为信号，应接负载。而负载的另一端是这样接的：对于NPN型接近开关，应接到电源正端；对于PNP型接近开关，则应接到电源0 V端。

（4）接近开关的负载可以是信号灯、继电器线圈或PLC的数字量输入模块。

（5）需要特别注意接到PLC数字输入模块的三线制接近开关的型式选择。PLC数字量输入模块一般可分为两类：一类的公共输入端为电源0 V，电流从输入模块流出（日本模式），此时，一定要选用NPN型接近开关；另一类的公共输入端为电源正端，电流流入输入模块，即阱式输入（欧洲模式），此时，一定要选用PNP型接近开关，千万不要选错了。

（6）两线制接近开关受工作条件的限制，导通时开关本身产生一定压降，截止时又有一定的剩余电流流过，选用时应予以考虑。三线制接近开关虽多了一根线，但不受剩余电流之类不利因素的困扰，工作更为可靠。

（7）有的厂商将接近开关的"常开"和"常闭"信号同时引出，或增加其他功能，此种情况请按产品说明书具体接线。

请把接线步骤填在表2-28中。

表2-28　三层电梯电气控制系统接线步骤

序号	接线步骤	接线中遇到的问题	采取的措施	备注
1				
2				
3				
4				
...				

步骤七　三层电梯电气控制系统通电前的检查

为了确保电气控制系统正常工作，在第一次调试之前都要对系统进行通电前检查！

（1）本任务电气控制线路通电前的检查请按照检查流程进行；

（2）根据三层电梯的电气原理图对安装完毕的控制面板和外围电路逐线检查，核对线号，防止错接、漏接；

（3）检查各接线端子的情况是否有虚接情况，及时改正；

（4）没有外露铜丝过长、一个接线端子上有超过两个接头等不符合工艺要求的现象。

按照提示进行操作，把检查结果填入结果记录表2-29中。

表2-29　三层电梯电气控制系统通电前检查结果记录表

序号	检查部位	工艺检查		检测结果（状态）			异常处理措施
		合格	不合格	通路	断路	短路	
1							
2							
3							
4							
5							
...							

步骤八 三层电梯电气控制系统调试与验收

1.通电调试

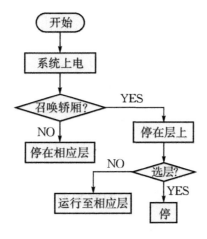

图2-36 三层电梯电气控制系统通电调试流程图

在检查电路连接满足工艺要求，并且电路连接正确、无短路故障后，可接通电源，请按图2-36的流程进行通电调试！并把结果填入表2-30中。

请将调试结果记入记录表2-30中。

表2-30　三层电梯电气控制系统调试结果记录表

序号	功能	信号	检测项目	检测结果状态		故障原因	故障排除
				正常	故障		
1	启动	启动按钮	电机及指示灯				
2	召唤	一层上呼叫按钮	一层显示；平层				
3		二层上呼叫按钮	二层显示；平层				
4		二层下呼叫按钮	二层显示；平层				
5		三层下呼叫按钮	三层显示；平层				
6	选层	一层选层按钮	电机运行				
7		二层选层按钮	电机运行				
8		三层选层按钮	机运行				
9	开门	开门、关门按钮	开门、关门				
10	极限位	限位开关	上下极限位置				
11			开关门到位信号				
12	减速		减速到位信号				
13	输出	指示灯	按钮				
14	照明		照明				
...							

2.现场整理

工作中，记得要按照6S的要求对现场进行管理哦！你们做到表2-31的要求了吗？

表2-31 现场整理情况

要求 名称	整理	整顿	清扫	清洁	安全
设备					
工具					
工作场地					

注：完成的项目打√，没有完成的打×。

3.技术文件整理

现在我们对技术文件进行整理！请按表2-32的要求整理资料。

表2-32 技术文件整理情况

内容 名称	资料所包括内容
项目前期资料收集	
项目中期资料汇总	
项目开发设计过程记录	
项目资料整理	
项目资料上交	

4.验收交付

完工了，请验收吧！验收单见表2-33所示。

表2-33 三层电梯控制系统的安装与调试设备交付验收单

设备交付验收单			
验收部门		验收日期	
设备名称	三层电梯控制系统		
验收情况			
序号	内容	验收结果	备注
1	楼层显示是否正常		
2	召唤是否正常		
3	选层是否正常		
4	开关门是否正常		
5	平层是否正常		
6	限位是否正常		
7	照明是否正常		
8	运行是否无异常声响		
9	安全装置齐全可靠		
10	工作现场是否已按6S整理		
11	工作资料是否已整理完毕		
...			
验收结论:			
验收结果	操作者自检结果: □合格 □不合格 签名: 　　　　　　年　月　日		检验员检验结果: □合格 □不合格 签名: 　　　　　　年　月　日

终于完成任务了，好开心呀！

我们进步很大呀，来总结一下我们学到了什么？

工作小结

我们完成这项任务
后学到的知识、技
能和素质！

我们还有这些地方
做得不够好，我们
要继续努力！

115

机械手控制系统的安装与调试

埃及金字塔大家知道吗？它是尼罗河流域辉煌的古文明的象征。多少年来，瞻仰金字塔雄姿的旅游者川流不息，探索金字塔奥妙的考古学家前赴后继。古埃及法老们为什么把金字塔作为自己灵魂的栖息地？金字塔究竟是由哪些人建造的？"法老咒语"

灵验与否？特别是世界最大的胡夫金字塔内部"王后殿"的南北两面墙上为什么有两个狭窄的通道？南通道尽头竟然有一扇石门，石门上还有两个金属的门把手，石门背后还有什么？这一直是"金字塔漫游者"的一个谜。直到2002年9月17日一个智能

机械手将破解古埃及法老的咒语，首次进入世界最大的胡夫金字塔的"南通道"探险。与此同步，金字塔建造者棺木也将被打开……

快来，快来！讲故事咯……

哇！这个机械手好厉害呀！

那是，还有很多更厉害的呢！不信你看。

　　机械手是机器人的执行部件，是机器人中重要组成部分，工业机械手的出现代替了人的繁重劳动以实现生产的机械化和自动化，并能在有害环境下替代人类操作以保护人类的安全。如图3-1所示是工业机械手系统中典型任务执行的执行机构，能模仿人手和臂的某些动作功能，用以按固定程序抓取、搬运物件或操作工具的自动操作装置，它广泛应用于机械制造、冶金、电子、轻工等行业。

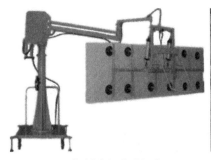
物料搬运机械手

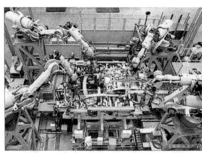
焊接机械手

汽车生产线机械手

图3-1　不同行业中应用的工业机械手

机械手的组成

　　工业机械手主要由执行机构、驱动机构和控制系统三大部分组成。

　　1.执行机构

　　（1）手部：即直接与工件接触的部分，一般是回转型或平动型（多为回转型，因其结构简单）。手部多为两指（也有多指），根据需要分为外抓式和内抓式，也可以用负压式或真空式的空气吸盘（主要用于吸冷的、光滑表面的零件或薄板零件）和电磁吸盘。

　　（2）腕部：是连接手部和臂部的部件，并可以用来调节被抓物体的方位，以扩大机械手的动作范围，并使机械手变得更灵巧，适应性强。手腕有独立的自由度，有回转运动、上下摆动、左右摆动。一般腕部都设有回转运动，再增加一个上下摆动即可满足工作要求。有些动作较为简单的专用机械手，为了简化结构，可以不设腕部，而直接用臂部运动来驱动手部搬运工件。

　　（3）臂部：手臂部件是机械手的重要握持部件。它的作用是支持腕部和手部（包括工作或夹具）并带动它们做空间运动。

　　（4）行走机构：有的工业机械手带有行走机构，我国的工业机械手行走机构正处于仿真阶段。

2. 驱动机构

驱动机构是工业机械手的重要组成部分。根据动力源的不同，工业机械手的驱动机构大致可分为液压驱动、气动驱动、电动驱动和机械驱动等四类。一般采用电动机构驱动机械手，结构简单、尺寸紧凑、重量轻、控制方便。

电机驱动的工业机械手组成框图如图3-2所示。

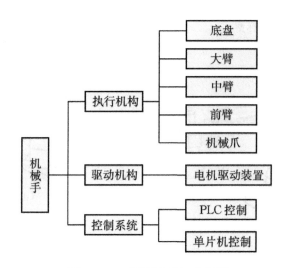

图3-2　工业机械手组成框图

让我们来了解一下工业机械手的分类吧！

🖋 机械手的分类

1. 按机械结构的自由度分类

从机械结构的角度来看，工业机械手主要由主构架和手腕完成。主构架具有多个自由度，其运动由两种基本运动组成，即沿着坐标轴的直线移动和绕坐标轴的回转运动。不同运动的组合形成各种类型的机械手，如图3-3所示。直角坐标型有三个直线坐标轴，如图3-3（a）所示；圆柱坐标型有两个直线坐标轴和一个回转轴，如图3-3（b）所示；球坐标型有一个直线坐标轴和两个回转轴，如图3-3（c）所示；关节型有三个回转轴关节或者三个平面运动关节，如图3-3（d）、（e）所示。

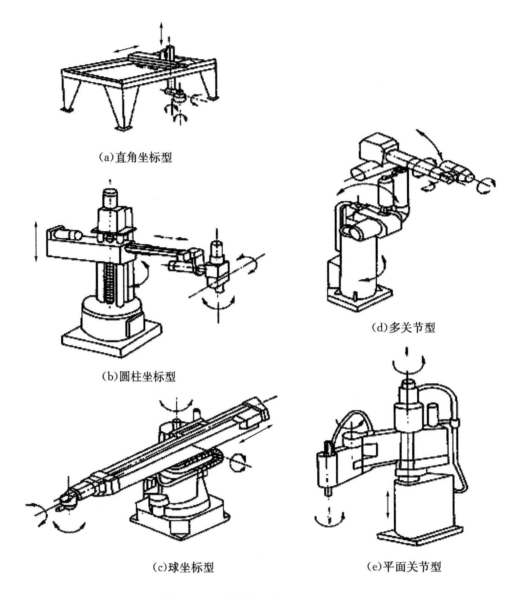

(a)直角坐标型

(b)圆柱坐标型

(c)球坐标型

(d)多关节型

(e)平面关节型

图 3-3　工业机械手的基本结构形式

2.按驱动方式分类

按驱动方式可分为液压式、气动式、电动式等。

液压机械手的驱动系统通常由液动机（各种油缸、油马达）、伺服阀、油泵、油箱等组成，这种机械手通常具有很大的抓举能力并且结构紧凑，动作平稳，耐冲击、耐振动，防爆性好，但对制造精度和密度性能要求很高，否则易发生漏油而污染环境。

气动式机械手的驱动系统通常采用通常汽缸、气阀、气囊和空压机组成。特点是气源方便、动作迅速、结构简单、造价较低、维修方便，但难于进行速度控制，并因气压不能太高，固抓举能力较小。

电动式机械手的电动驱动是目前机械手使用的做多的一种驱动方式。其特点是电源方便，响应快，驱动力大，信号检测、传递、处理方便，可采用多种灵活的控制方案。驱动电机一般采用交流伺服电机、直流伺服电机和步进电机。

3.按适用范围分类

按适用范围可分为专用机械手和通用机械手两种。专用机械手是专为在某种环境或者是某种工艺而设计的机械手，如AX系列立式注塑机专用机械手臂；而通用型机械手则使用范围比较广。

机器人在机械制造业中代替人完成大批量、高质量要求的工作，如汽车制造、舰船制造及某些家电产品（如电视机、电冰箱、洗衣机）的制造等。化工等行业自动化生产线中的点焊、弧焊、喷漆切割、电子装配及物流系统的搬运、包装等工作，也有部分是由机器人完成的。关于机械手的更多种类、应用场合，请参阅下列网址：

http：// baike.baidu.com / view / 81615.htm 应用领域、优势、历史、机构

在这么多的机械手装置中，我们来选两种具有典型性又比较常见的注塑生产线上的机械手和饮料生产线上的机械手来学习吧！

项目1 注塑生产线上机械手控制系统的安装与调试

来了解一下任务吧！

宁波通用塑料机械制造有限公司机械注塑成型车间由于温度高，塑胶气味浓，工作时间长等系列的因素，使注塑机操作员工流失率大。员工招聘困难，员工紧缺，造成交货不及时，降低了企业信誉度，失去了很多订单，所以公司决定研发物料搬运机械手并取名为X1号搬运机械手，让机械手存取和搬运产品以代替部分人员的劳动。现研发部门已经设计好了功能和外形，机修工已经安装好了机械部分，要求电气部门按照电气原理图进行电气控制系统的安装和调试。为了保证产品质量，此公司研发部门提供了一套小模型，如图3-4所示，要求电气部门先在实验室里来实现，之后再进行现场实施，竣工后交研发部门验收。

接受任务

这是上级部门给我们的工作任务单！

表3-1　工作任务单

工作地点		工　　时	32 h	任务接受部门	电气维修部门
下发部门	公司设计部门	下发时间		完 成 时 间	
X1号物料搬运机械手的工作内容					备注
完成X1号搬运机械手模型电气控制系统的安装与调试，完工后交部门验收，并提供相关资料。具体工作如下： （1）根据X1号搬运机械手的电气原理图绘制电气接线图。 （2）编写X1号搬运机械手PLC程序。 （3）根据X1号搬运机械手布局图安装电气元器件。 （4）绘制X1号搬运机械手接线图并连接线路。 （5）完成X1号搬运机械手的调试运行，以满足系统的控制要求。 （6）提供相关资料。					
X1号物料搬运机械手的功能					备注
X1号搬运机械手是注塑生产线上用来搬运物料的机械手，可以实现物料的抓、运、放，即搬运机械手的手动／自动吸取、手臂的伸缩、上下移动、底座的旋转功能；手动或自动运行时能准确停放。 　　该机械手设备总重量为500 g，外形尺寸为680 mm×300 mm×480 mm，机械手的机械部件由三部分组成：即手部、臂部、机身，如图3-4所示。机械手手臂最大运行速度为：30 r／min，底座最大旋转角度180°，重复定位精度50次不大于3 mm。					

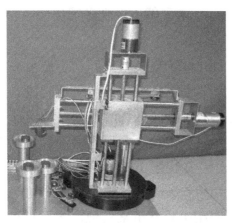

图3-4　X1号搬运机械手的外形图

续表

X1号物料搬运机械手的控制要求	备注
（1）手动运行模式状态： 　　X1号搬运机械手分为手动操作和自动操作两种工作方式。手动方式下，机械手可在任意方向通过拨动开关控制其动作，其每一步均为单独进行控制。例如，当选择上升运动时，将上升拨动开关拨动，机械手上升；当选择右转运动时，将右转拨动开关拨动，机械手右转。 （2）自动运行模式状态： 　　自动方式下，如图3-5和3-6（见下页）所示，机械手首先需要到原点位置，即先上升碰到限位7，缩回碰到限位5，右转碰到限位3，回到原地位置自动停止，然后按下启动后运行其自动程序的动作，自动执行的动作过程如下图所示： 原点 → 右转 → 一区 → 下降 → 吸 → 上升 → 左转 缩回 ← 上升 ← 放 ← 下降 ← 伸出 ← 二区 右转 → 一区 → 下降 → 吸 → 上升 → 左转 一区 ← 右转 ← 上升 ← 放 ← 下降 ← 三区 下降 → 吸 → 上升 → 左转 → 四区 → 伸出 右转 ← 缩回 ← 上升 ← 放 ← 下降 图3-5　X1号搬运机械手自动控制流程图	

序号	X1号搬运机械手的技术参数	数量
1	驱动方式：机械手的驱动方案选择电气驱动的方式，即采用直流减速电机驱动，通过PLC程序控制电机的运转来实现手臂动作，以及通过9个限位控制手臂的准确定位。	9个
2	控制器：采用三菱FX2N系列PLC	1个

让我们为任务实施做准备吧！

相关知识学习

一、X1号搬运机械手基本知识

X1号搬运机械手主要由两个手臂、一个手爪、一个底座组成，如图3-6所示。

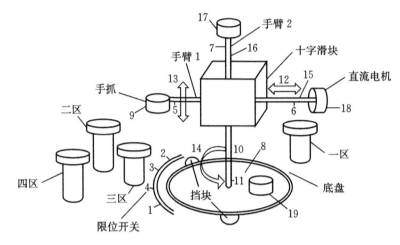

1—限位1；2—限位2；3—限位3；4—限位4；5—限位5；6—限位6；7—限位7；8—底座；
9—电磁铁；10—限位10；11—限位11；12—伸缩移动方向；13—上下移动方向；
14—旋转移动方向；15、16—丝杠；17、18、19—电机；20、21—挡块

图3-6 X1号搬运机械手示意图

查阅资料

（1）搬运机械手的发展历史。_____

_____

（2）搬运机械手的常见分类有哪些？_____

先来学习一下直流减速电机的知识和编程的知识吧！

二、直流减速电机的相关知识

直流减速电机的分类

常见的直流减速电机的分类如图3-7所示。

(a)大功率齿轮减速电机　　　　(b)同轴式斜齿轮减速电机

(c)平行轴斜齿轮减速电机

图3-7　常见的直流减速电机的分类

直流减速电机的作用

（1）降速同时提高输出扭矩，扭矩输出比例按电机输出乘以减速比，但要注意不能超出减速机额定扭矩。

（2）减速同时降低了负载的惯量，惯量的减少为减速比的平方。大家可以看一下一般电机都有一个惯量数值。

直流减速电机的减速机工作原理

减速机是一种动力传达机构，利用齿轮的速度转换器，将电机（马达）的回转数减速到所要的回转数，并得到较大转矩的机构。

 查阅资料：

交流减速电机和直流减速电机的作用、原理相似。详情知识请参照以下网址：

http：// wenku.baidu.com / view / b2f2fcc6d5bbfd0a7956733c.html　减速机分类及介绍

http：// wenku.baidu.com / view / 41c0643f376baf1ffc4fad11.html　微型直流（交流）减速电机概述

三、状态编程的基本知识

状态编程的一般思想

将一个复杂的控制过程分解为若干个工作状态，明确各状态的任务、状态转移条件和转移方向，再依据总的控制顺序要求，将这些状态组合形成状态转移图，最后依一定的规则将状态转移图转绘为梯形图程序。

对于流程作业的自动化控制系统而言，一般都包含若干个状态（也就是工序）。当条件满足时，系统能够从一种状态转移到另一种状态，我们把这种控制叫做顺序控制，对应的系统则称为顺序控制系统或流程控制系统。

图3-8 交通灯控制系统

1. 顺序功能图

针对顺序控制要求，PLC提供了顺序功能图（SFC）语言支持。顺序功能图又称状态转移图或状态流程图，它是用来表示步进顺控系统的控制过程、功能和特性的一种图形。由一系列状态（用S表示）组成。当状态转移条件满足时，状态开始从初始化状态转移，转移后的状态被置位，而转移前的状态自动复位。这种状态的转移用状态转移图来描述。FX2N系列PLC的状态元件如表3-2所示。

表3-2　FX2N系列 PLC的状态元件

类别	元件编号	点数	用途及特点
初始状态	S0～S9	10	用于状态转移图（SFC）的初始状态
返回原点	S10～S19	10	多运行模式控制当中用作返回原点的状态
一般状态	S20～S499	480	用作状态转移图（SFC）的中间状态
掉电保持状态	S500～S899	400	具有停电保持功能，用于停电恢复后需要继续执行停电前状态的场合
信号报警状态	S900～S999	100	用作报警元件使用

注：（1）状态的编号必须在指定范围内选择。
　　（2）各状态元件的触点，在PLC内部可自由使用，次数不限。
　　（3）在不用步进顺控指令时，状态元件可作为辅助继电器在程序中使用。
　　（4）通过参数设置，可改变一般状态元件和掉电保持状态元件的地址分配。

2. 顺序功能图的表示及其动作（见图3-9）

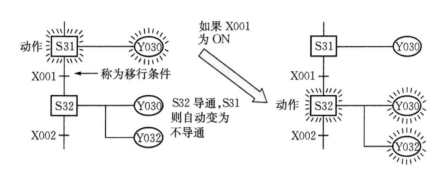

图3-9　状态转移图的表示及动作

当状态S31激活时，其后的负载Y030接通，当转移条件X1满足后（即X1常开触点闭合），状态S32被激活，Y030、Y032同时接通，此时被激活的状态自动关闭激活它的前一个状态，即S31不导通Y030断开。

步进顺控指令的应用

步进顺控指令功能及梯形图符号见表3-3。

表3-3　步进顺控指令功能及梯形图符号

助记符、名称	功能名称	回路表示及可用软元件	程序步
STL步进指令	步进梯形图开始	⊣├─○─	1
RET步进返回	步进梯形图结束	─ RET ─	1

STL指令是利用内部软元件（状态S）在顺控程序上进行工序步进式控制的指令。

说明：步进STL触点只有常开触点，当转移条件满足时，其状态置位，STL触点闭合，驱动负载；当状态转移时，STL指令断开，使与该指令有关的其他指令都不能执行。

RET指令是用于状态（S）流程的结束，实现返回主程序（母线）的指令。

步进顺控指令的意义及表示方法

从表3-3可知，FX2N有两条步进指令：步进接点指令STL和步进返回指令RET。在了解了状态转移图后，采用步进顺控指令编程的重点是弄清楚状态图与状态梯形图间的对应关系，再将一个状态转移图转变成状态梯形图。

状态转移图到状态梯形图

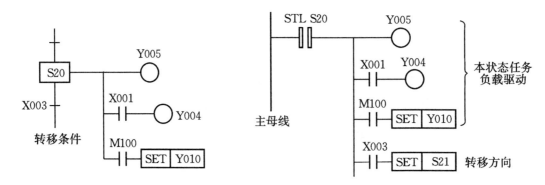

图3-10　状态转移图与状态梯形图对照

如图3-10所示，从图中不难看出，转移图的一个状态在梯形图中用一条步进接点指令表示。STL指令的意义为激活某个状态，在梯形图上体现为主母线上引出的常开状态触点（用空心粗线绘出以与普通常开触点区别）。该触点有类似主控触点的功能，该触点后所有操作均受这个常开触点的控制。激活的第二层含义是采用STL编程的梯形图区间，只有被激活的程序才能被扫描执行，而且在状态转移图的一个单流程中，一次只有一个状态被激活，被激活的状态有自动关闭激活它的前一个状态的功能。这样就形成了状态间的隔离，使编程者在考虑某个状态的工作任务时，不必考虑状态间的连锁。而且，当某个状态被关闭时，该状态中以OUT指令驱动的输出全部停止，这也是使在状态编程区域的不同的状态中使用同一个线圈输出成为可能。

如图3-11所示，当S31导通，Y030输出，当转移条件X001满足后，SETS32接通，状态转移到S32，则此状态内的负载Y030、Y032输出，而状态S31中的Y030停止输出。

步进梯形图指令RET用于步进指令操作结束时返回主母线，在一系列STL指令的最后，必须写入RET指令，表明步进梯形图指令的结束，如图3-12所示。

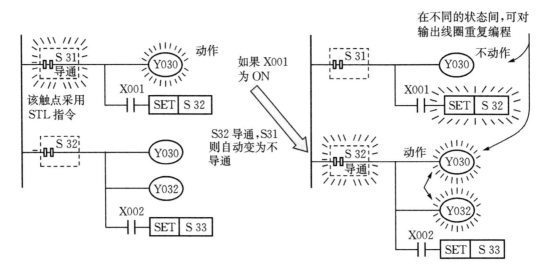

图3-11　状态梯形图的动作

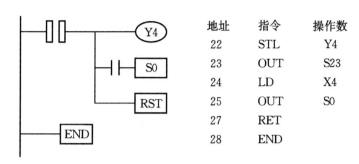

地址	指令	操作数
22	STL	Y4
23	OUT	S23
24	LD	X4
25	OUT	S0
27	RET	
28	END	

图3-12 状态转移图和对应的指令表

状态编程三要素

（1）负载驱动：即本状态做什么。如图3-12中输出的Y4，表示本状态的工作任务（输出）时可以使用OUT指令，也可以使用SET指令，它们的区别是OUT指令驱动的输出在本状态关闭后自动关闭，使用SET指令驱动的输出可保持到其他状态执行，直到程序在别的地方使用RST指令使其复位。

（2）转移条件：满足什么条件实行状态转移。这里要说明，转移如果发生流程的跳跃及回转等情况时，转移应使用OUT指令，下图给出了几种使用OUT指令实现状态转移的情况。

（3）转移方向：转移到什么状态。如图3-13中SET S21指令，指明下一个状态为S21。

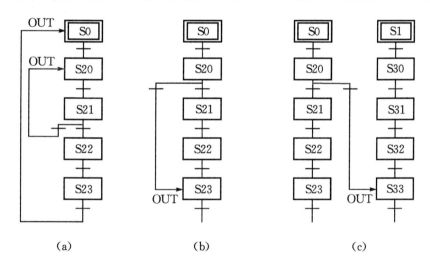

图3-13 非连续状转移图

那我们来做个小练习吧！

真简单，我会啦！让我自己来做吧！

练一练

三灯自动闪烁

设计一套三灯自动闪烁的状态转移图程序。控制要求如下：3个灯分别为HL1、HL2、HL3。HL1亮1s后HL2亮（HL1灭），1 s后HL3亮（HL2灭）1 s，灭1 s后3个灯一起亮1 s，灭1 s，再一起亮1 s后循环。用一点动按钮SB控制3只灯的闪烁。

状态转移图：　　　　　　　　　　状态梯形图：

根据前面制定计划的方法，赶快来制定本任务的计划吧！

制定工作计划和方案

如图3-14所示为X1号搬运机械手控制系统安装与调试的工作流程图。

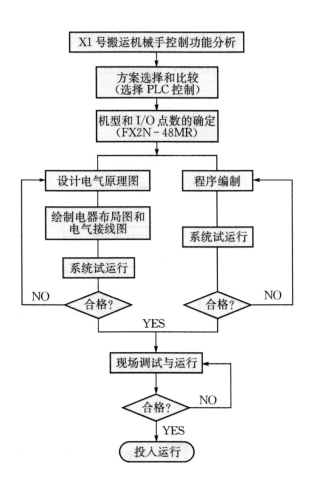

图3-14　X1号搬运机械手控制系统安装与调试流程图

根据X1号搬运机械手控制系统安装与调试的工作流程和任务工作单中的要求，来确定什么时候谁来做什么事情，并将你们的计划写入下表3-4。

表3-4　X1号搬运机械手工作计划表

工作阶段	工作内容	工作周期	备注

记得把工具带上哦！

表3-5　装配用工具、仪器配备清单

编号	工具名称	规格	数量	主要作用
1				
2				
3				
4				
…				

我们开工吧！

嗯，让我们按下面的步骤来实施操作吧！

任务实施

步骤一　分析X1号搬运机械手电气控制系统原理图

由工作任务要求可知，电气控制原理图包括手臂和底座的三个电机的电气控制原理

图以及PLC的电气控制原理图，先分析出主回路的电气控制原理图，再分析电气控制回路图，分别见附录一图F-3和图F-4。

 **编制X1号搬运机械手控制程序**

1.编制程序

自动程序流程图如图3-15所示。

本任务中有手动和自动控制两种模式，经过分析，我们了解了自动控制过程，现在让我们自己动手来画出手动控制的流程图。

手动控制流程图：

知识链接

使用状态STL指令编绘梯形图时的注意事项

（1）状态的动作与输出的重复使用。

如图3-16所示：

①状态编号不可重复使用。

②如果状态触点接通，则与其相连的电路动作；如果状态触点断开，则与其相连的电路停止工作。

③在不同状态之间，允许对输出元件重复输出，但对同一状态内不允许双重输出。

（2）定时器的重复使用。

如图3-17所示，定时器线圈与输出线圈一样，也可对在不同状态的同一软件编程，但在相邻的状态中不能编程。如果在相邻状态下编程，则工序转移时定时器线圈不能断开，定时器当前值不能复位。

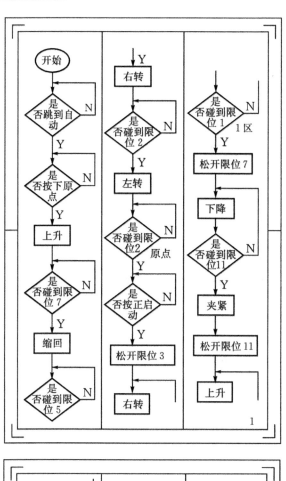
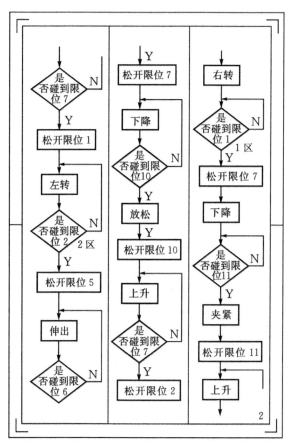
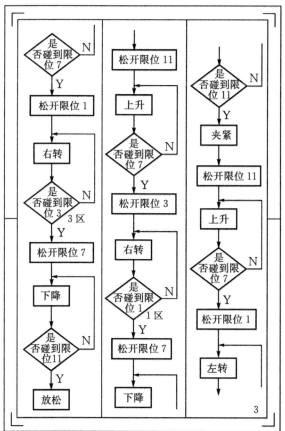
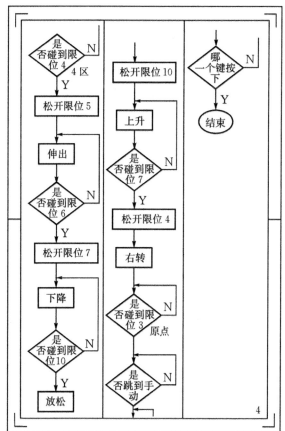

图3-15　X1号搬运机械手自动控制流程图

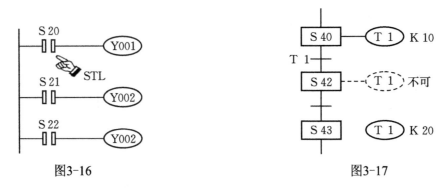

图3-16   图3-17

（3）输出的互锁。

在状态转移过程中，由于在瞬间（1个扫描周期），两个相邻的状态会同时接通，因此为了避免不能同时接通的一对输出同时接通，必须设置外部硬接线互锁或软件互锁，如图3-18所示。

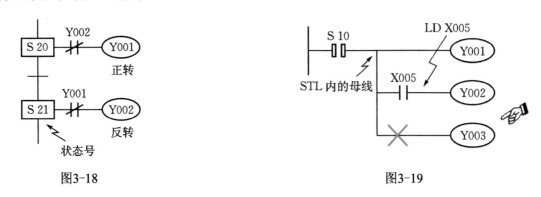

图3-18   图3-19

（4）输出的驱动方法。

如图3-19所示，在状态内的母线将LD或LDI指令写入后，对不需要触点的驱动就不能再编程，需要按图3-20方式进行变换。

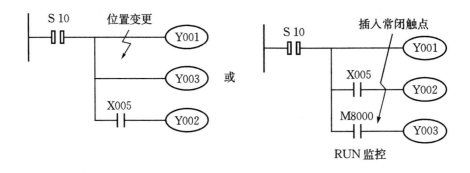

图3-20

（5）状态的转移方法。

OUT指令与SET指令对于STL指令后的状态具有同样的功能，都是将原来的状态自动复位，所不同的是SET指令具有自保持功能，OUT指令用于向状态转移图中的分离状态转移，如图3-21所示。

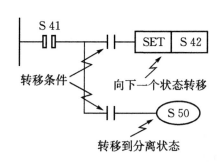

图3-21

（6）可在状态内处理的指令。

表3-6　可在状态内处理的指令

状态指令		LD / LDI / LDP / LDF AND / ANI / ANDP / ANDF OR / ORI / ORF / INV，OUT，SET / RST，PLS / PLF	ANB / ORB MPS / MRD / MPP	MC / MCR
初始状态／一般状态		可使用	可使用	不可使用
分支、汇合状态	输出处理	可使用	可使用	不可使用
	转移处理	可使用	不可使用	不可使用

表3-6中的栈操作指令MPS、MRD、MPP在状态能不能直接与步进指令后的新母线连接，应该在LD和LDI指令后使用，如图3-22所示。

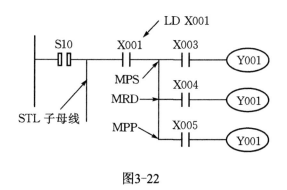

图3-22

STL指令编绘梯形图时的注意事项请参见《PLC编程手册》。

（1）从上述内容分析机械手的工作过程，主要是手臂的上升、下降、左移、右移运动，并且按照一定的顺序执行，综合分析机械手抓取工件的工作过程，虽然复杂，但是它可以分解为若干个工序，而且各个工序的任务明确而具体，各工序间的联系清楚，工序间的转换条件直观，因此可以采用状态编程的思想。

（2）根据X1号搬运机械手抓取工件的工作过程，需要使用9个限位开关来确定手臂的位置，和一个电磁线圈来控制手抓的抓取和放松；启动、停止各一个；手动控制和自动控制启动开关各一个；由手动切换到自动模式时先回零，所以有一个回零开关。手臂的伸出、缩回、上升、下降各是一个输出，手抓的吸、放是一个输出，底座的左转、右转各是一个输出。

哇，真简单！

那就让我们比一比谁做得快！

梯形图：

梯形图程序编完了就让我们开始模拟调试吧！

2.模拟调试

本任务中的实际输入信号：操作面板的信号、限位开关的信号用钮子开关和按钮来模拟；实际的输出信号：继电器、电磁阀、操作面板各状态指示灯用发光二极管来显示。

将设计好的程序写入PLC后，逐条仔细检查，并改正写入时出现的错误。在实验室进行模拟调试。具体的方法参考任务一的项目二：程序的模拟调试（见43页）。

我要进行模拟调试，这一步很重要哦！

表3-7　X1号搬运机械手电气控制系统模拟调试记录表

启动输入信号	负载名称	状态		原因分析	解决方法
		ON	OFF		
启动信号	右转指示灯				
下降限位开关	下降指示灯				
上升限位开关	上升指示灯				
右转限位开关	左转指示灯				
缩回限位开关	缩回指示灯				
伸出限位开关	伸出指示灯				

步骤三 绘制X1号搬运机械手电气控制系统布局图

下图为3-23某机械手的布局图，我们可以作为参考。

根据X1号搬运机械手的电气控制原理图和所给的示例图3-23电气布局图，就可以明确每个元器件的安装位置。

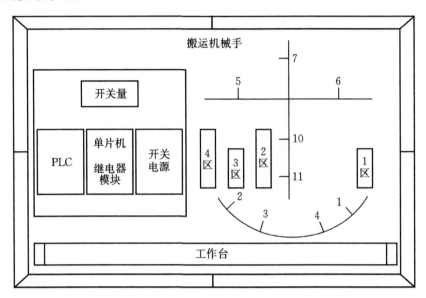

图3-23　某机械手的电气控制原理图

有了上图，电气布局图就简单得多了，我们快来绘制吧！

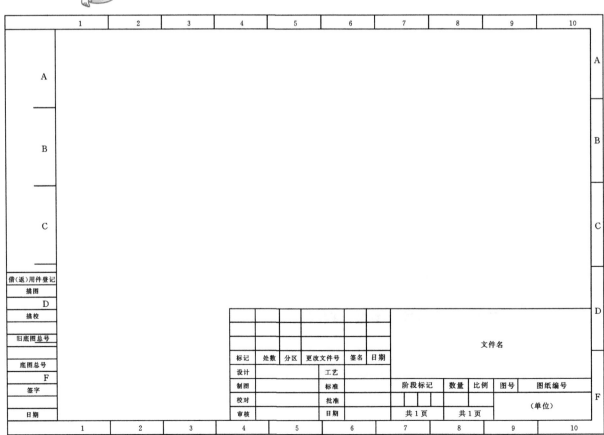

步骤四 绘制X1号搬运机械手电气控制系统接线图

绘制好了原理图和布局图，绘制接线图就简单了！你会吗？

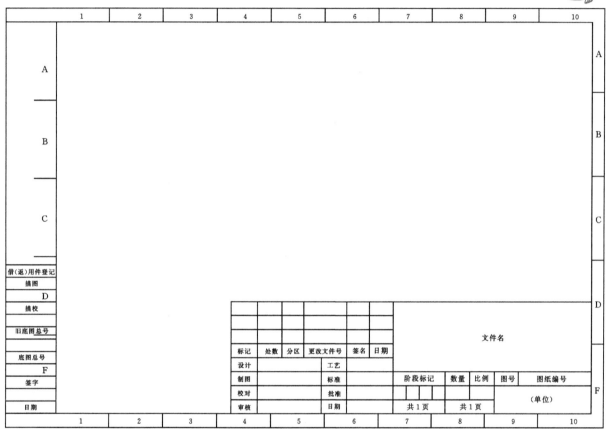

步骤五 安装X1号搬运机械手电气控制系统元器件

1.确定并领取元器件

表3-8　元器件清单

序号	元器件名称	型号及规格	数量	备注
1	微动开关	KW12-10.5A　125 / 250VAC	15个	双投型 额定电压AC125 / 250 额定电流0.5 A
2	开关电源	XZP40TI-3 输入电压：110～265（V） 输出功率：46（W） 输入电流：0.3（A）	1个	提供24 / 5 V电源
3	工件工作台	LY32　80×100	1个	工件放置

续表

序号	元器件名称	型号及规格	数量	备注
4	彩排线	20根×12丝	3米	线路连接
5	紧束管	直径6~10 mm	3米	
6	热缩套管	直径1.5 mm	1米	
7	三菱FX2NPLC	FX2N-48MR	1台	
...				

材料管理员：　　　　　　领料人：　　　　　日期：

请补充填写其他元器件！

领取时一定检查元件的质量，确定其是否合格呦！

当然！Let's go!

2.安装X1号搬运机械手电气控制系统的元器件

直流减速电机的安装方法

直流减速电机广泛应用于钢铁行业、机械行业等。下面介绍它在安装时一些需要注意的地方。

（1）在输出轴上安装传动件时，不允许用锤子敲击，通常利用装配夹具和轴端的内螺纹，用螺栓将传动件压入，否则有可能造成直流减速电机内部零件的损坏。最好不要采用钢性固定式联轴器，因该类联轴器若安装不当，会引起不必要的外加载荷，以致造成轴承的早期损坏，严重时甚至造成输出轴的断裂。

（2）直流减速电机应牢固地安装在稳定水平的基础或底座上，排油槽的油应能排除，且冷却空气循环流畅。如基础不可靠，运转时会引起振动及噪声，并导致轴承及齿轮受损。当传动联接件有突出物或采用齿轮、链轮传动时，应考虑加装防护装置，输出轴上承受较大的径向载荷时，应选用加强型。

（3）安装直流减速电机时，应重视传动中心轴线对中，其误差不得大于所用联轴器的使用补偿量。对中良好能延长使用寿命，并获得理想的传动效率。

通过上述讲述，相信大家对直流减速电机安装已经有了全新的认识，这将会对以后的工作有很大的帮助。

温馨提示

（1）在进行电气线路安装之前，首先确保电源开关处于断开位置，然后再按前面所学的方法和技巧进行电气元器件的安装。

（2）在安装限位开关时严格按照机械手调试好的启停位置安装，否则机械手不能将物料准确地放入预设好的区域。

将安装过程填写在表3-9中。

表3-9　X1号搬运机械手电气控制系统安装步骤

序号	元器件安装步骤	安装中遇到的问题	采取的措施	备注
1				
2				
3				
4				
...				

我安装完啦！

那我们开始接线吧！

步骤六 X1号搬运机械手电气控制系统的接线

温馨提示

（1）先连接主回路的线，再连接控制回路的线；

（2）连接控制回路的线时可以先将控制面板上按钮开关的线都引出来（每连接一根线要写清线号），然后接到接线端子上，便于连接；

（3）将PLC输入输出口引出的线也接到对应的接线端子上。

请按照接线步骤填写下表3-10！

表3-10　X1号搬运机械手电气控制系统接线步骤

序号	接线步骤	接线中遇到的问题	采取的措施	备注
1				
2				
3				
4				
...				

步骤七 X1号机械手电气控制系统通电前的检查

这是必不可少的环节哦！按照下面的步骤来检查，确保上电安全！

将检查结果记录填入下表3-11中。

表3-11　X1号搬运机械手电气控制系统通电前检查结果记录表

序号	检查部位	工艺检查		检测结果（状态）			异常处理措施
		合格	不合格	通路	断路	短路	
1	手臂1主回路						
2	手臂2主回路						
3	手臂3主回路						
4	PLC控制回路						
5	操作面板回路						

步骤八 X1号搬运机械手电气控制系统调试与验收

在检查电路连接满足工艺要求，并且电路连接正确，无短路故障后，可接通电源，按流程图3-24中的步骤进行进一步地调试！请参照记录表3-12中的内容进行检查！

1.通电调试

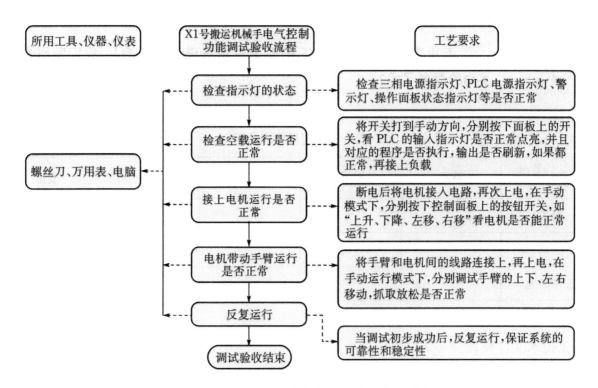

图3-24 X1号搬运机械手电气控制系统通电调试流程图

表3-12 X1号搬运机械手电气控制调试结果记录表

序号	输入信号	检测项目	检测结果状态		故障原因	故障排除
			正常	故障		
1	控制面板上的启动、停止开关	操作面板的状态指示灯				
2	手动模式下的控制按钮	空载时PLC的输入指示灯				
3	手动模式下的控制按钮	空载时PLC的输出指示灯				
4	上、下、左、右、抓、松按钮	接入电机后，电机的运行情况				
5	上、下、左、右、抓、松按钮	接入手臂后，手臂的运行情况				
6	自动模式	手臂的运行情况				

2.现场整理

工作中，记得要按照6S的要求对现场进行管理哦！ 你们做到表3-13的要求了吗？

表3-13 现场整理情况

要求 名称	整理	整顿	清扫	清洁	安全
设备					
工具					
工作场地					

注：完成的项目打√，没有完成的打×。

3.技术文件整理

现在我们看看技术文件整理的情况，你们按表3-14的要求整理资料了吗？

表3-14 技术文件整理情况

内容 名称	资料整理情况
项目前期资料收集	
项目中期资料汇总	
项目开发设计过程记录	
项目资料整理	
项目资料上交	

4.验收交付

完工了，请验收吧！验收单见表3-15所示！

表3-15　X1号搬运机械手控制系统的安装与调试交付验收单

设备交付验收单			
验收部门		验收日期	
设备名称	X1号搬运机械手控制系统		
验收情况			
序号	内容	验收结果	备注
1	机械手手动运行是否正常		
2	机械手自动运行是否正常		
3	机械手臂部、底部行程是否在范围内		
4	机械手手抓吸取速度和重量是否符合要求		
5	操作面板操作是否灵敏可靠		
6	操作面板显示是否正常		
7	机械手整机调试是否正常		
8	机械手运行是否无异常声响		
9	安全装置是否齐全可靠		
10	检验员是否能够独立操作使用该机械手		
11	工作现场是否已按6S整理		
12	工作资料是否已整理完毕		
验收结论：			
验 收 结 果	操作者自检结果： □合格 □不合格 签名： 　　　　　　　年　月　日		检验员检验结果： □合格 □不合格 签名： 　　　　　　　年　月　日

终于完成任务了，好开心呀！

我们进步很大呀，来总结一下我们学到什么了？

工作小结

我们完成这项任务后学到的知识、技能和素质！

我们还有这些地方做得不够好，我们要继续努力！

项目2 饮料生产线上机械手控制系统的安装与调试

来了解一下任务吧！

某饮料公司加工生产线上需要研制一台XATC-JS001型物料搬运机械手，公司决定要设计部门、机修部门、电气维修部门一起来完成。机修部门已经按照设计部门的要求安装好了机械部分，现要求电气维修部门在5天内按照设计部门设计的原理图进行电气控制系统的安装和调试。

接受任务

这是公司给我们的工作任务单！

表3-16　工作任务单

工作地点		工　　时	32 h	任务接受部门	电气维修组
下发部门	公司设计部门	下发时间		完成时间	
XATC-JS001型物料搬运机械手的工作内容					备注
按照设计部门设计的电气原理图，完成XATC-JS001型物料搬运机械手电气控制系统的安装与调试，完工后交公司设计部门验收，并提供相关资料。具体工作如下： （1）绘制电气接线图、电器布局图。 （2）编写XATC-JS001型物料搬运机械手PLC控制程序。 （3）根据原理图安装电气回路和气动回路。 （4）完成电气控制系统的调试运行，以满足系统的控制要求。 （5）提供相关资料。					
XATC-JS001型物料搬运机械手的功能					备注
XATC-JS001型物料搬运机械手是某饮料生产线上用来搬运饮料的机械手，可以模拟人体手臂的部分动作，能按预定控制程序的运动轨迹要求实现物品的抓取、搬运工作或操纵工具，如图3-25所示。此机械手有三种工作模式，分别是回零模式、手动运行模式和自动运行模式。 　　该多关节机械手总重量18 kg，外形尺寸600 mm×600 mm×1500 mm，重复定位精度要求50次不大于3 mm。该机械手机械部件由四部分组成：即手部、臂部、肩部及机身。机械手四部分的抓取行程如下表所示，手臂最大运行速度为：15 r / min，最大抓取重量为5 kg。要求机械手运行时无异常声音。					

机械手四部分的抓取行程

项目	名称	行程范围
抓取行程	肩部	在水平面内330º范围旋转
	臂部1	旋转范围150º
	臂部2	旋转范围150º
	腕部	旋转范围150º
	总行程	抓取最小半径150 mm 抓取最大半径460 mm

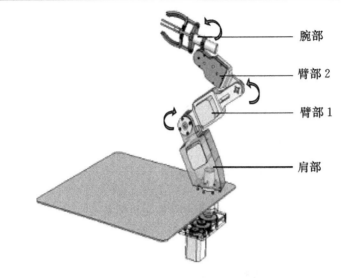

图3-25 物料搬运机械手的外形图

XATC-JS001型物料搬运机械手的控制要求	备注

（1）回零模式状态：转换开关旋转到回零模式状态，系统返回初始状态，限位1到限位4指示灯亮。系统每次启动时首先要回零。

（2）手动运行模式状态：转换开关旋转到手动模式状态，分别操作各个手臂的正反向启动按钮，肩部、手臂1、手臂2、腕部均按指令实现正反方向运动，抓取物体到指定位置，手爪抓取绿灯警示。

（3）自动运行模式状态：转换开关旋转到自动运行模式，按照预设的路径自动运行，抓取物体到指定的位置，手爪抓取绿灯警示。

序号	XATC-JS001型物料搬运机械手的技术参数	数量
1	驱动方式： 　　机械手的驱动方案选择电气驱动和气动驱动相结合的方式，即肩部、臂部2、臂部1及腕部的回转驱动由电气驱动完成，夹持部分即手部运动由气动机构来实现。所以四个自由度中需要四个执行与驱动控制装置。本项目采用性价比较好的两相混合式步进电机及其驱动器实现四个自由度的驱动，参数如下表所示。	

步进电机、步进电机驱动器的型号

步进电机		步进电机驱动器	
型号	数量	型号	数量
DM4250C	1台	DMD402A	3台
DM5654C	2台	DMD808A	1台
DM5676C	1台		

2	控制器：采用三菱FX2N系列 PLC	

这个机械手真有意思！

是呀，所以我们要学会安装和调试它！那我们先来多了解一些它的知识吧！

相关知识学习

一、认识XATC-JS001型物料搬运机械手

XATC-JS001型物料搬运机械手运动形式

XATC-JS001型物料搬运机械手是四个自由度的简易多关节（简称四自由度多关节）机械手，如图3-26所示为机械手的四个自由度多关节示意图。四个自由度分别为肩部回转、手臂1回转、手臂2回转和腕部回转。

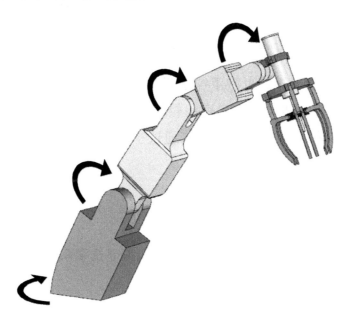

图3-26　物料搬运机械手的四自由度多关节示意图

XATC-JS001型物料搬运机械手基本结构

该多关节机械手的机械部件由四部分组成：即手部、臂部、肩部及机身，如图3-27所示。其中手部采用一个直线气缸驱动，从而实现手爪的张合运动和物品的夹持，手部及腕部之间采用一个回转驱动实现手部回转角度的定位（即4号自由度）。臂部由手臂1和手臂2组成，手臂1和手臂2之间也采用回转驱动来实现手臂1的角度定位（即3号自由度）。肩部和手臂2之间也采用回转驱动来实现手臂2的角度定位（即2号自由度）。肩部与机身之间也采用回转驱动来实现机械手整机的角度定位（即1号自由度）。

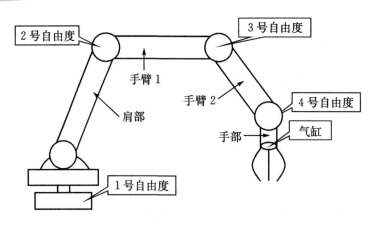

图3-27 物料搬运机械手的基本结构

XATC-JS001型物料搬运机械手电气控制系统设计原理

XATC-JS001型物料搬运机械手控制原理框图如图3-28所示。

图3-28 机械手控制原理框图

按照XATC-JS001型物料搬运机械手控制要求对PLC程序进行编写，实现对运动的控制。动力来自于两相小型步进电机及手臂齿轮箱的减速来提供足够的动力与较高的运行速度。末端的物品抓取装置可由1个微型气缸通过空气压缩机提供气源、由电磁换向阀控制，最终达到快速、精准的物品抓取。

步进电机的知识很重要哦！

二、步进电机及驱动器的使用

认识步进电机

1.步进电机的定义及作用

步进电机是一种专门用于速度和位置精确控制的特种电动机，它的旋转是以固定的角度（称为步距角）一步一步运行的，故称步进电机。步进电机的运行要有一个电子装

图3-29 步进电机及其驱动器

置进行驱动，这种装置就是步进电机驱动器。它是把控制系统发出的控制脉冲信号转换为步进电机角位移的装置，即控制系统每发出一个命令脉冲信号，通过驱动器的功率放大，就使步进电机旋转一个步距角，图3-29是步进电机及驱动器的外形图。

2. 步进电机的组成及工作原理

步进电机由转子、定子和定子绕组组成，转子上有均匀分布的齿，如图3-30所示。当某相定子绕组由脉冲电流励磁后，便能吸引转子，使转子转动一个角度，该角度称为步距角，则有：

$$a = \frac{360°}{mzk}$$

式中：

a——步距角；

m——定子相数；

z——转子齿数；

k——控制方式确定的拍数与相数的比例系数。

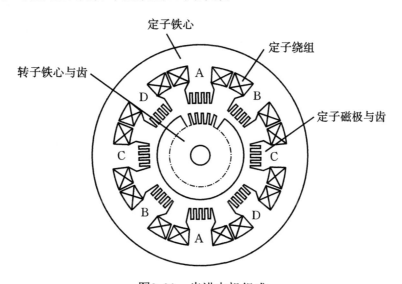

图3-30　步进电机组成

步进电机的整步工作原理如图3-31所示，若绕组按1a→1b→2a→2b→1a顺序通电，它的旋转是以固定的角度一步一步运行的。因而可以通过控制脉冲个数来控制角位移量，从而达到准确定位的目，图3-31的控制过程称为四相四拍。如按图3-32所示工作过程来控制步进电机，绕组按1a→1a1b→1b→2a1b→2a→2a2b→2b→2b1a→1a顺序通电，即为步进电机的半步控制，图3-32的控制过程称为四相八拍。

步进电机受脉冲的控制，其转子的角位移量和转速严格地与输入脉冲的数量和脉冲频率成正比，同时可以通过控制脉冲频率来控制电动机转动的速度，改变通电脉冲的顺序来控制步进电机的转向。

现在比较常见的步进电机包括反应式步进电机、永磁式步进电机、混合式步进电机和单相式步进电机等。

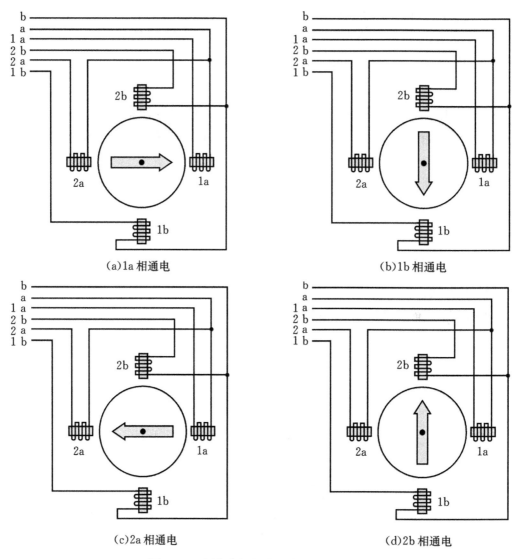

图3-31　步进电机整步工作原理示意图

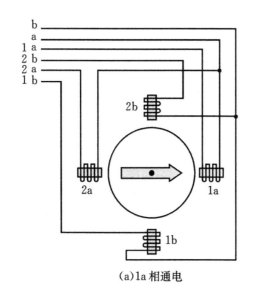

(a)1a 相通电

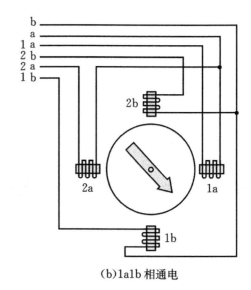

(b)1a1b 相通电

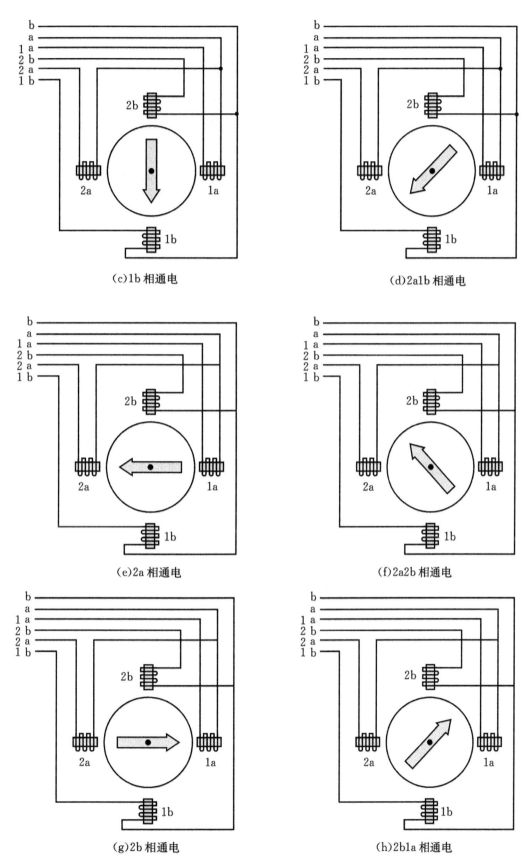

图3-32　步进电动机工作原理图示意图

步进电机作为执行元件，是机电一体化的关键产品之一，广泛应用在各种自动化控制系统中，关于步进电机的特点、参数等知识请浏览网址：

http：// wenku.baidu.com / view / 93b1d82cb4daa58da0114a90.html 步进电机的分类特点与选择

http：// wenku.baidu.com / view / 8d83602c453610661ed9f4a1.html 步进电机的原理、分类和特点

下面是步进电机驱动器的知识哦！

认识步进电机驱动器

1. 步进电机驱动器的定义及作用

步进电机驱动器是一种能使步进电机运转的功率放大器，它能把控制器发来的脉冲信号转化为步进电机的角位移，如图3-33所示。电机的转速与脉冲频率成正比，所以控制脉冲频率可以精确调速，控制脉冲数就可以精确定位。

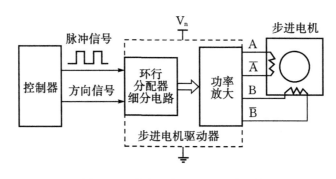

图3-33　步进电机驱动器的控制

2. 步进电机驱动器的选择

步进电机驱动器主要选择的参数为步距角、细分数和相数等。要了解细分，先要弄清步距角的概念。

（1）步距角的计算。

步距角表示控制系统每发一个步进脉冲信号，电动机所转动的角度。电动机出厂时给出了一个步距角的值。例如，86BYG250A型步进电机给出的步距角为0.9°／1.8°，表示半

步工作时为0.9°，整步工作时为1.8°。这个步距角可以称之为电动机固有步距角。它不一定是电动机实际工作时的真正步距角，真正的步距角和驱动器上的细分选择有关。

（2）细分的计算。

细分就是指电动机运行时的真正步距角，是固有步距角（整步）的几分之一。驱动器工作在10细分状态时，其步距角只为电动机固有步距角的1／10。也就是说，当驱动器工作在不细分的整步状态时，控制系统每发出一个控制脉冲信号，步进电机转动1.8°；而用细分驱动器工作在10细分状态时，步进电机只转动了0.18°，这就是细分的基本概念。

更为准确地描述驱动器细分特性的是运行拍数。运行拍数指步进电机运行时每转一个齿距所需的脉冲数。例如，86BYG250A电动机转子有50个齿，如果运行拍数设置为160，那么步进电机旋转一圈总共需要50×160＝8000步；对应步距角为360°÷8000＝0.045°。

步进电机和驱动器配套选择的几点注意事项

步进电机及驱动器型号较多、种类较多，我们在选择时应有一定的讲究，这样才能以最优的性能、最低的价格选择好自己所需的产品。选取原则有以下几点：

（1）首先确定步进电机拖动负载所需要的扭矩。

最简单的方法是在负载轴上加一杠杆，用弹簧秤拉动杠杆，拉力×力臂长度=负载力矩。由于步进电机是控制类电机，所以目前常用步进电机的最大力矩不超过45 N·m，力矩越大，成本越高。如果电机力矩较大或超过此范围，可以考虑加配减速装置。

（2）确定步进电机的最高运行转速。

转速指标在步进电机的选取时至关重要，步进电机的特性是随着电机转速的升高而扭矩下降，其下降的快慢和很多参数有关，如：驱动器的驱动电压、电机的相电流、电机的相电感、电机大小等等。一般的规律是：驱动电压越高，力矩下降越慢；电机的相电流越大，力矩下降越慢。在设计方案时，应使电机的转速控制在600 r／min或800 r／min以内。

（3）考虑留有一定的（如50%）力矩余量和转速余量。

（4）可以先选择混合式步进电机，如果由于价格因素，可以选取反应式步进电机。

（5）尽量选取细分驱动器，且使驱动器工作在细分状态。

（6）选取时切勿走入只看电机力矩这一个指标的误区，要和速度指标一起考虑。

看看我们任务所需的电机及驱动器的知识吧！

本任务中使用的步进电机型号在工作任务单中已经详细地介绍了，详见表3-16所示。关于步进电机型号及参数详见表3-17所示，驱动器的型号及参数详见表3-18所示。

表3-17 步进电机型号及参数

型号	步距角 /（°）	相电流 / A	保持转矩 /（N·m）	静转矩 /（N·m）	转动惯量 /（g·cm²）	质量 / g
DM5654C	1.8	2.0	1.0	0.04	300	700
DM5676C	1.8	2.0	1.89	0.068	480	1000
DM4250C	1.8	1.2	0.45	0.025	68	350

表3-18 驱动器型号及参数

DMD402A的参数	DMD808A的参数
两相混合式步进电机驱动器	两相混合式步进电机驱动器
最大输出电流2 A（峰值）	最大输出电流7.7 A（峰值）
半流调节	半流调节
最大细分数可达256	最大细分数可达256
过流保护	过压、过流保护

步进驱动器是步进系统中的核心组件之一。关于步进电机驱动器更多的知识请浏览网址：

http：// wenku.baidu.com / search？word=%B2%BD%BD%F8%C7%FD%B6%AF%C6%F7&lm=0&od=0 步进电机驱动器使用说明

伺服电机的应用领域很多，只要是要有动力源的，而且对精度有要求的一般都可能涉及到伺服电机。有关伺服电机的知识请浏览网址：

http：// wenku.baidu.com / view / eb6d821dfad6195f312ba698.html 伺服电机知识

三、认识霍尔传感器

霍尔传感器的定义及接线

当一块通有电流的金属或半导体薄片垂直地放在磁场中时，薄片的两端就会产生电位差，这种现象称为霍尔效应。

霍尔元件是一种磁敏元件，用霍尔元件做成的传感器称为霍尔传感器，也称为霍尔开关。当磁性物体移近霍尔开关时，开关检测面上的霍尔元件因产生霍尔效应而使开关内部电路状态发生变化，由此识别附近有磁性物体的存在，并输出信号。这种接近开关的检测对象必须是磁性物体，常见的霍尔传感器的外形如图3-34所示。

图3-34　常见的霍尔传感器的外形

霍尔传感器有两个接线端和三个接线端两种，接线方法如同传感器的接线方法，三个接线端分别接Vcc、OUT和GND，输出端最好接上电阻再到Vcc，两个接线端分别接OUT 和GND。

我们接着来学学编程的知识吧！

四、FX2N系列PLC功能指令简介

可编程控制器的基本指令是基于继电器、定时器、计数器类软元件，主要用于逻辑处理的指令。现代工业控制的许多场合需要数据处理，用于数据的传送、运算、变换及程序控制等功能。

除了功能强大外，功能指令的特点是指令处理的数据多，数据在存储单元中流转的过程复杂，因而学习功能指令的重点是掌握指令的数据形式及数据的流转过程。

数据类软元件的类型及使用

数据类软元件有数据寄存器、变址寄存器、文件寄存器和指针。本书主要介绍数据寄存器的应用。

1. 数据寄存器（D）的使用

PLC在进行输入输出处理、模拟量控制、位置控制时，需要许多数据寄存器以存储数据和参数。数据寄存器有通用数据寄存器、断电保持数据寄存器和特殊数据寄存器。具体功能见表3-19。

表3-19 数据寄存器（D）的使用

序号	名称	编号	数量	功能
1	通用数据寄存器	D0～D199	200点	通用数据寄存器在PLC由运行（RUN）变为停止（STOP）时，其数据全部清零 如果将特殊继电器M8033置1，则PLC由运行变为停止时，数据可以保持
2	断电保持数据寄存器	D200～D511	312点	保持数据寄存器只要不改写，原有数据就不会丢失，无论电源接通与否，PLC运行与否，都不会改变寄存器内容
3	特殊数据寄存器	D8000～D8255	256点	特殊数据寄存器供监控机内元件的运行方式用。在电源接通时，利用系统只读存储器写入初始值

查阅资料

有关变址寄存器、文件寄存器、指针的内容介绍，请查阅《三菱PLC编程手册》相关知识。

思考一下吧

位元件和字元件的区别是什么？请说出常见的位元件和子元件。

2. 数据类软元件的结构形式（见表3-20）

表3-20　数据类软元件的结构形式

序号	名称	存储单元位数	元件
1	基本形式	16位 （最高位为符号位）	机内的T、C、D、V、Z元件均为16位元件，称为"字元件"
2	双字元件	32位数据 （最高位为符号位）	两个字元件组成"双字元件"
3	位组合元件	使用4位BCD码表示一位十进制数据，也称一组	常用X、Y、M、S组成，元件表达为K_nX、K_nY、K_nM、K_nS等形式；式中K_n指有n组这样的数据，如K_nX000开始n组位元件组合。若n为1，则K_1X0指由X000、X001、X002、X003四位输入继电器的组合；而n为2，则K_2X0指由X000～X007八位输入继电器的两组组合

功能指令的表达形式

功能指令的表达形式与基本指令的表达形式不同，如图3-35所示。

（1）功能指令编号：每条功能指令都有一定的编号。在使用简易编程器的场合输入功能指令时，首先输入的就是功能指令的编号。如图3-35中①所示的就是功能指令编号。

（2）助记符：功能指令的助记符是该指令的英文缩写词。如加法指令"ADDITION"简写为ADD，如图3-35中②所示。

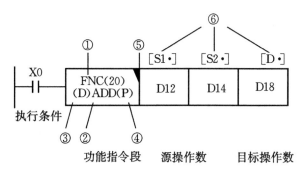

图3-35　功能指令的表达形式

（3）数据长度：功能指令依处理数据的长度分为16位指令和32位指令。其中32位指令用（D）表示，无（D）符号的为16位指令。如图3-35中③所示为数据长度符号。

（4）执行形式：功能指令有脉冲执行和连续执行型。指令中标有（P）的为脉冲执行型，如图3-35中④所示。

特别提示

脉冲执行型指令在执行条件满足时仅执行一个扫描周期，这点对数据处理有很重要的意义。比如一条加法指令在脉冲执行时，只将加数和被加数做一次加法运算。而连续型加法运算指令在执行条件满足时，每一个扫描周期都要相加一次。某些指令如INC、DEC等，在用连续执行方式时应特别注意。在指令标识栏中用"◥"警示，如图3-35中⑤所示。

（5）操作数：操作数是功能指令涉及或产生的数据。表3-21是操作数的具体意义。表达形式如图3-35中⑥所示。

表3-21　操作数的具体意义

序号	名称	定义	表达形式	备注
1	源操作数	源操作数是指令执行后不改变其内容的操作数	用[S·]表示； 多个数用[S1·]、[S2·]	在一条指令中，源操作数、目标操作数及其他操作数都可能不止一个，也可以一个都没有
2	目标操作数	指令执行后将改变其内容的操作数	用[D·]表示； 多个数用[D1·]、[D2·]	
3	其他操作数	常用来表示常数或者对源操作数和目标操作数做出补充说明	用m与n表示；表示常数时，K为十进制，H为十六进制	

（6）变址功能：操作数可具有变址功能。操作数旁加有"·"的即为具有变址功能的操作数。如[S1·]、[S2·]、[D·]等。

（7）程序步数：程序步数为执行该指令所需的步数。功能指令的功能号和指令助记符占一个程序步，每个操作数占2个或4个程序步（16位操作数是2个程序步，32位操作数是4个程序步）。因此，一般16位指令为7个程序步，32位指令为13个程序步。

　　在了解了以上要素后，我们就可以通过查阅手册了解功能指令的用法。FX2N系列PLC是三菱PLC的典型产品，具有128种298条应用指令，具体分类和用法请查阅《三菱PLC编程手册》中功能指令的应用方法。

五、FX2N系列PLC单元模块

　　为了实现I／O点数的灵活配置及功能的灵活扩展，FX2N系列PLC需配有扩展单元、扩展模块及特殊功能单元，如图3-36所示。

　　扩展单元是用于增加I／O点数的装置，内部设有电源。

　　扩展模块用于增加I／O点数及改变I／O比例，内部无电源，用电由基本单元或扩展单元供给。因扩展单元及扩展模块无CPU，必须与

图3-36　FX2N系列PLC单元模块

基本单元一起使用。

特殊功能单元是一些专门用途的装置。如模拟量I／O单元、高速计数单元、位置控制单元、通讯单元等。

这些单元大多数通过基本单元的扩展口连接，也可以通过编程器接口接入或通过主机上并接的适配器接入，不影响原系统的扩展。FX2N系列PLC可以根据需要，仅以基本单元或由多种单元组合使用。

关于扩展单元、扩展模块、特殊功能单元的具体情况，请查阅请查阅《三菱PLC编程手册》的相关知识。

开始工作吧！

别急，还是和前面的任务一样，工作之前要先制定计划！

制定工作计划和方案

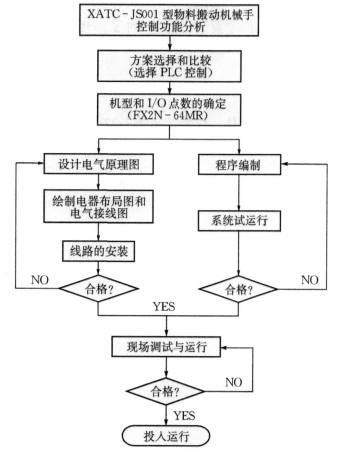

图3-37　XATC-JS001型物料搬运机械手控制系统安装与调试流程图

先看看我们的工作流程吧！

请参考图3-37来制定我们的工作计划，并填入到表3-22中。

表3-22　物料搬运机械手工作计划表

工作阶段	工作内容	工作周期	备注

对了，我们还要把工具准备齐！

请把装配用的工具、仪器填入表3-23中！

表3-23　装配用工具、仪器配备清单

编号	工具名称	规格	数量	主要作用
1				
2				
3				
4				
…				

计划已经制定好了，开始实施吧！

还等什么，行动了！

任务实施

步骤一 识读XATC—JS001型物料搬运机械手电气控制系统原理图

我们先来读图吧！

XATC-JS001型物料搬运机械手的电气原理图分为电源模块、驱动器原理图模块、PLC原理图模块，见附录一图F-5至图F-8。

XATC-JS001型物料搬运机械手的气动回路图见图3-38。

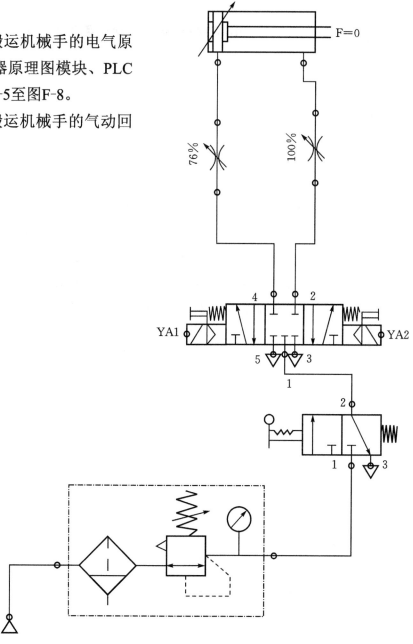

图3-38　XATC-JS001型物料搬运机械手的气动回路图

知识回顾

（1）以_____作为工作介质进行传递动力和实现控制的技术称为气压传动。

（2）气动传动系统五个部分别是_____、_____、_____、_____、工作介质。

（3）电磁阀属于_____元件，它的图形符号是_____。

（4）更多气动技术的知识请查阅北京邮电大学出版社廖友军主编的《液压传动与气动技术》。

步骤二 编制XATC-JS001型物料搬运机械手控制程序

1. 编制控制程序

温馨提示

（1）利用PLC脉冲输出指令对驱动器所发的脉冲频率进行控制，而达到电动机转速的控制。

（2）为了使系统更加稳定、可靠，可以增加三级超程保护。第一级软件限位：各轴回零位后生效，软件计算位置达到设定限位值后运动停止，信息提示，只允许向反方向运动；第二级硬件限位：限位挡块安装在软件限位外侧，限位开关触发后运动停止，信息提示，只能向反方向运动；第三级急停限位：限位挡块安装在硬件限位外侧和机械行程终点内侧，限位开关触发急停报警。

本机械手的主要程序段编程流程图如图3-39、图3-40、图3-41所示。

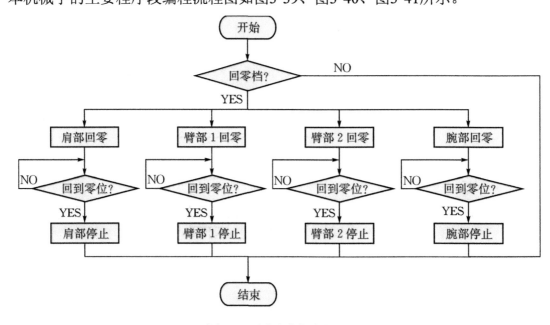

图3-39　回零功能流程图

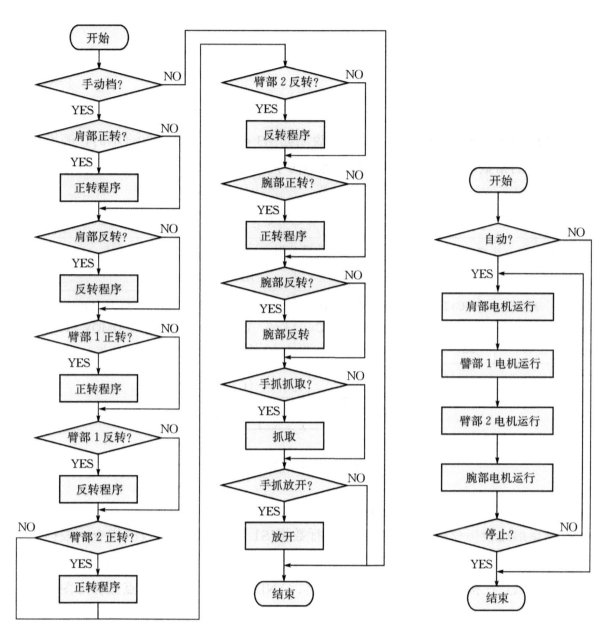

图3-40　手动控制流程图　　　　　　　图3-41　自动功能流程图

　　有了主要程序的流程图，我们再来学习几个重要的编程指令，那么我们编程就变得简单多了！

编程指令

（1）传送指令（MOV）。

传送指令MOV是将源操作数内的数据传送到指定的目标操作数内，如表3-24所示。即[S·]→[D·]。传送指令MOV的说明如图3-42所示。当X000=ON时，源操作数[S·]中的常数K100传送到目标操作数D10中。当X000断开时，指令不执行，数据保持不变。

表3-24　传送指令要素

指令名称	助记符	指令代码位数	操作数范围		程序步
			[S·]	[D·]	
传送指令	MOV MOV（P）	FNC12（16/32）	K、H、KnX、KnY、KnM、KnS、T、C、D、V、Z	KnY、KnM、KnS、T、C、D、V、Z	MOV、MOV（P）…5步 DMOV、DMOV（P）…9步

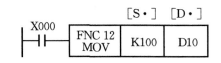

图3-42　MOV指令应用说明

（2）触点形比较指令。

触点形比较指令是使用触点符号进行数据[S1·]、[S2·]比较的指令，根据比较结果确定触点是否允许能流通过。触点形比较指令要素如表3-25所示。触点形比较指令依触点在梯形图中的位置分为LD类、AND类及OR类，其触点在梯形图中的位置含义与普通触点相同。如LD即是表示该触点为支路上与左母线相连的首个触点。三类触点型比较指令每类根据比较内容分为6种，共18条，本书只介绍LD类触点的比较。LD类触点的比较指令说明如表3-25和图3-43所示。

触点形指令直观简便，很受使用者欢迎。关于AND类及OR类触点形比较指令的知识，请查阅《三菱PLC编程手册》相关知识。

表3-25　触点形比较指令要素

FNC NO	16位助记符（5步）	32位助记符（9步）	操作数		导通条件	非导通条件
			[S1·]	[S2·]		
224	LD=	(D)LD=	K、H、KnX、KnY、KnM、KnS、T、C、D、V、Z		[S1·]=[S2·]	[S1·]≠[S2·]
225	LD>	(D)LD>			[S1·]>[S2·]	[S1·]≤[S2·]
226	LD<	(D)LD<			[S1·]<[S2·]	[S1·]≥[S2·]
228	LD<>	(D)LD<>			[S1·]≠[S2·]	[S1·]=[S2·]
229	LD≤	(D)LD≤			[S1·]≤[S2·]	[S1·]>[S2·]
230	LD≥	(D)LD≥			[S1·]≥[S2·]	[S1·]<[S2·]

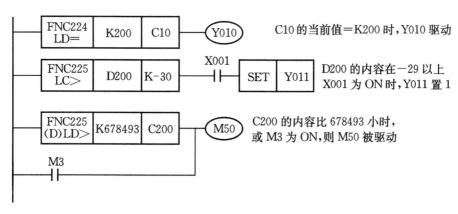

图3-43　触点形比较指令应用说明

（3）脉冲输出指令（PLSY）。

脉冲输出指令（PLSY）可用于指定频率产生定量脉冲输出的场合。使用说明见表3-26，图见3-44。图中[S1·]用于指定频率，范围为2~220 kHz；[S2·]用于指定产生脉冲的数量，16位指令指定范围为1~32767，32位指令指定范围为1~2147483647；[D·]用于指定输出脉冲的Y号（仅限于晶体管型机Y000、Y001），输入脉冲的高低电平各占50%。

如图3-44所示，当指令的执行条件X010接通时，脉冲串开始输出，X010中途中断时，脉冲输出中止，再次接通时，从初始状态开始动作。设定脉冲量输出结束时，指令执行结束标志M8029动作，脉冲输出停止。当设置输出脉冲数为0时为连续脉冲输出。[S1·]中的内容在指令执行中可以变更，但[S2·]的内容不能变更。输出口Y000输出脉冲的总数存于D8140（下位）、D8141（上位）中，Y001输出脉

冲总数存于D8142（下位）、D8143（上位）中，Y000及Y001两输出口已输出脉冲的总数存于D8136（下位）、D8137（上位）中。各数据寄存器的内容可以通过[DMOV K0 D81□□]加以清除。

表3-26　脉冲输出指令要素

指令名称	助记符	指令代码位数	操作数范围		程序步
			[S1·]/[S2·]	[D·]	
脉冲输出指令	PLSY、(D)PLSY	FNC57(16／32)	K、H、KnX、KnY、KnM、KnS、T、C、D、V、Z	只能指定晶体管Y000及Y001	PLSY…7步(D) PLSY…13步

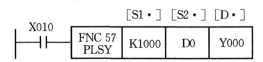

图3-44　脉冲输出指令应用说明

练一练

步进电机控制的自动往返小车

用PLC控制小车自动往返运动，此小车由步进电机驱动，控制器每秒输出频率为1000 Hz左右。按下启动按钮，小车前进，前进5 s后小车停止运行，停5 s后小车后退，后退5 s后小车再次停止，停止5 s后小车循环运行；请编写此程序。

I／O分配表如表3-27所示，参考程序如图3-45所示。

表3-27　步进电机控制的自动往返小车I／O分配表

序号	输入			输出		
	输入信号	PLC输入地址	作用	输出信号	PLC输出地址	作用
1	启动按钮	X0	启动	输出脉冲	Y0	
2				脉冲方向	Y10	

```
    X000
    ─┤├─                                    ─[ SET    M10 ]
     M0
    ─┤├──────┬──────────[ PLSY   K1000  K5000  Y000 ]
             │                              ─( Y010 )
    ─[ = D8140 K5000 ]───┬───────────────────( T0     K50 )
                         │                  ─[ RST    M10 ]
     T0
    ─┤├──────┬──────────────────────────────[ SET    M11 ]
             │                     ─[ DMOV   K0    D8140 ]
     M11
    ─┤├──────────────────[ PLSY   K1000  K5000  Y000 ]
    ─[ = D8140 K5000 ]───┬───────────────────( T1     K50 )
                         │                  ─[ RST    M11 ]
     T1
    ─┤├──────┬──────────────────────────────[ SET    M10 ]
             │                     ─[ DMOV   K0    D8140 ]
                                             ─[ END ]
```

图 3-45　步进电机控制的自动往返小车梯形图程序

请按照流程图和主要的编程指令进行程序的编制！

梯形图：

2.模拟调试

温馨提示

　　本任务中实际输入信号：转换开关、启动按钮、停止按钮、急停按钮、霍尔传感器输出信号用钮子开关和按钮来模拟；实际的输出信号：电动机的指示灯、步进电机的驱动器等用发光二极管来显示。

将程序下载到PLC中，进行模拟调试，这步很重要，请将调试的结果填入表3-28中！

表3-28　物料搬运机械手电气控制系统模拟调试记录表

运行模式	启动输入信号	负载名称	状态		原因分析	解决方法
			ON	OFF		
转换开关到回零模式						
	……					
转换开关到手动运行模式						
	……					
转换开关到自动运行模式						
	……					

步骤三 **绘制XATC-JS001型物料搬运机械手电气控制系统布局图**

下面是步进电机和传感器在机械手上的位置图如图3-46所示，操作面板示意图如图3-47和图3-48所示。

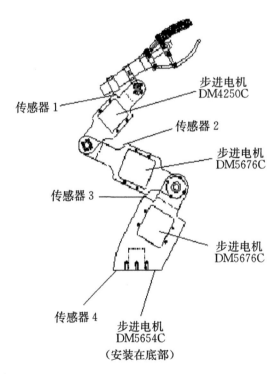

传感器1

步进电机
DM4250C

传感器2

步进电机
DM5676C

传感器3

步进电机
DM5676C

传感器4

步进电机
DM5654C

（安装在底部）

图3-46　步进电机和传感器在机械手上的位置图

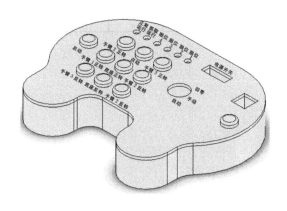

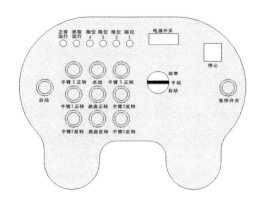

图3-47　物料搬运机械手的操作面板立体图　　　图3-48　物料搬运机械手的操作面板平面图

图3-49是某个机械手的电气控制系统布局图，我们可以参考它在下图框中来绘制我们的布局图！

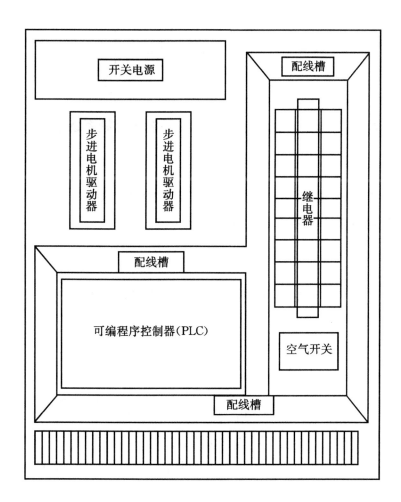

图3-49　某个机械手的电气控制系统布局图

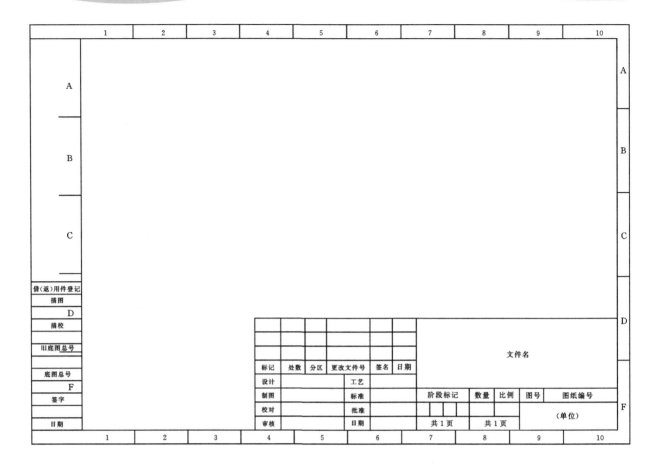

步骤四 绘制XATC-JS001型物料搬运机械手电气控制系统接线图

有了原理图和布局图，绘制接线图就简单了，不过我们要遵循绘制接线图的原则！赶快在下面的图框中绘制吧！

步骤五 安装XATC-JS001型物料搬运机械手电气控制系统元器件

1.确定并领取元器件

我们使用的是FX2N-3U-64MT，晶体管输出型PLC。此PLC仅有3个脉冲输出（脉冲输出点位Y000、Y001、Y002），但是由于机械手上使用了4个步进电机及驱动器，所以要考虑添加1个脉冲输出，设计部门选用了FX2N-1PG脉冲输出模块来实现剩下的1个脉冲输出。

FX2N-1PG特殊功能单元功能说明见表3-29所示。

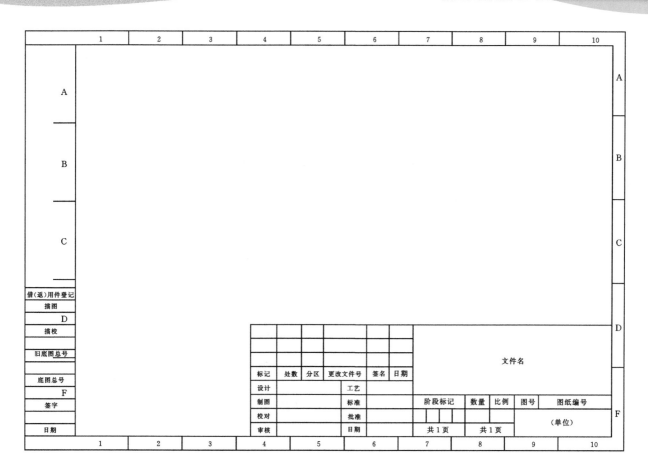

标记	处数	分区	更改文件号	签名	日期				
设计			工艺			文件名			
制图			标准			阶段标记	数量	比例	图号	图纸编号
校对			批准							
审核			日期			共1页	共1页	(单位)		

表3-29　FX2N-1PG特殊功能单元功能说明

型号	功能说明
FX2N-1PG	100 kps脉冲输出模块

请在表3-30中补充填写物料搬运机械手电气控制系统的元器件。

表3-30　物料搬运机械手电气控制系统的元器件清单

序号	元器件名称	型号及规格	数量
1	步进电机	DM5654C	2个
2		DM5676C	1个
3		DM4250C	1个
4	步进电机驱动器	DMD402A	3个
5		DMD808A	1个
6	PLC	FX2N-3U-64MT-1PG	1个

序号	元器件名称	型号及规格	数量
7	开关电源	S-100-24（5A）	1个
8		D-30B（DC24V5A，DC5V2.2A）	1个
9	两相低压断路器	DZ47-60-C10	1个
10	继电器	HH52P	3个
11	按钮	按钮	10个
12	其他	连接导线，焊锡等	若干
13	气缸	德士托迷你汽缸	1个
14	汽缸接口	（与汽缸配套）	2个
15	电磁换向阀	4V210-08（2位5通）	1个
16	电磁换向阀接口	（与电磁换向阀配套）	3个
17			
...			

材料管理员：　　　　　　领料人：　　　　　　日期：

> 补充需要的元器件！

领取时一定要核对型号、检查元件的质量，确定是否合格呦！

2.安装XATC-JS001型物料搬运机械手电气控制系统的元器件

根据物料搬运机械手的电器布局图来安装操作面板的元器件和电气控制柜的元器件。

知识链接

步进电机驱动器的安装、接线注意事项

（1）鉴于电机的相电流比较大，应采用标准的冷压端头将电机线进行预处理，确保端子螺钉紧固良好，接插到驱动器插座时应用力按压到底部，确认端子完全插牢；电柜布线时避免电机线接插端子的拉拽应力，避免后期运行时松动。

（2）驱动器安装时应保证设备的通风良好，并定期检查散热风扇运转是否正常；机柜内有多个驱动器并列使用时要保证相互之间的距离不小于5 cm。

（3）为了更好地使用驱动器，用户在系统接线时应遵循功率线（包括电机相线、电源线）与弱电信号线分开地原则，以避免控制信号被干扰。在无法分别布线或有强干扰源（如变频器、电磁阀等）存在的情况下，最好使用屏蔽电缆传送控制信号。

（4）电源质量的好坏直接影响到驱动器的性能和功耗，电源的纹波大小影响细分的精度，电源共模干扰的抑制能力影响系统的抗干扰性，因此对于要求较高的应用场合，用户一定要注意提高电源的质量。

3.安装XATC-JS001型物料搬运机械手的气动回路器件

气动回路器件安装注意事项

（1）采用软管安装时，在弯曲处不能从端部接头处弯曲；在安装直线段时，不要使端部接头和软管间受拉伸，长度应有一定余量；管道安装的倾斜度、弯曲半径、间距和坡向均要符合有关规定。

（2）元件安装时，安装前应对元件进行清洗，必要时要进行密封试验；控制阀体上的箭头方向或标记，要符合气流流动方向；密封圈不宜装得过紧，特别是V形密封圈，由于阻力特别大，所以松紧要合适；气缸的中心线与负载作用力的中心线要同心，以免引起侧向力，使密封件加速磨损，导致活塞杆弯曲。

请按照安装步骤填写表3-31。

表3-31　物料搬运机械手电气控制系统的安装步骤

序号	元器件安装步骤	安装中遇到的问题	采取的措施	备注
1				
2				
3				
4				
...				

 步骤六 **XATC-JS001型物料搬运机械手电气控制系统的接线**

 **温馨提示**

XATC-JS001型物料搬运机械手电气控制系统整体接线步骤：

（1）按电气控制板的电器布局图进行电气控制系统的接线；

（2）按操作面板的电器布局图进行操作面板的接线；

（3）连接步进电机及传感器。

现在开始进行电气控制系统的接线，先来看看步进电机和驱动器的连接方法吧！

 **知识链接**

步进电机及驱动器的连接

步进电机的控制连接图如图3-50所示。驱动器与电动机连接时采用直连法，只需连接电动机端的A+、A−、B+、B−四根导线，驱动器工作电源为14～40 V直流电源，在这里采用的是36 V直流开关电源供电。

在PLC与驱动器连接时，采用共阳极连接法：把脉冲正（PU+）和方向正（DIR+）串联在一起，连接至5 V直流电源的正极。在本任务中，由于采用PLC控制，PLC的输出公共端为24 V，因此将共阳极信号连接至PLC的24 V直流电源的正极，在连线中串联一个2 kΩ、2 W的电阻，以降低电源电压和减小电流。

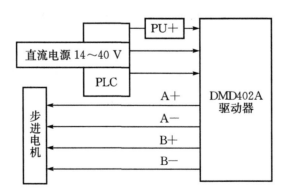

图3-50　步进电机的控制连接图

请按照接线步骤填写表3-32！

表3-32　物料搬运机械手电气控制系统接线步骤

序号	接线步骤	接线中遇到的问题	采取的措施	备注
1				
2				
3				
4				
...				

步骤七 XATC-JS001型物料搬运机械手电气控制系统通电前的检查

为了确保机械手电气控制系统正常工作，当机械手在第一次调试之前都要进行通电前检查！请参照记录表3-33中的内容进行检查！

表3-33　XATC-JS001型物料搬运机械手电气控制系统通电前检查结果记录表

序号	检查部位	工艺检查		检测结果（状态）			异常处理措施
		合格	不合格	通路	断路	短路	
1	电源部分						
2	驱动器部分						
3	PLC控制回路部分						
4	气动回路部分						
...							

步骤八 XATC-JS001型物料搬运机械手电气控制系统调试与验收

1.通电调试

按照图3-51通电调试步骤进行调试，将调试结果记入记录表3-34中。

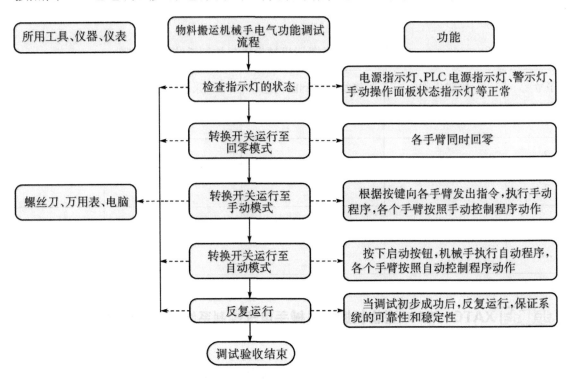

图3-51　XATC-JS001型物料搬运机械手通电调试步骤

表3-34　XATC-JS001型物料搬运机械手电气控制系统调试结果记录表

序号	运行模式	输入信号	检测项目	检测结果状态		故障原因	故障排除
				正常	故障		
1	回零模式	启动按钮	各手臂是否同时回零				
2	手动运行模式	肩部正转、反转启动按钮	肩部电机是否正转或反转运行				
3		臂部1正转、反转启动按钮	臂部1电机是否正转或反转运行				
4		臂部2正转、反转启动按钮	臂部2电机是否正转或反转运行				
5		腕部正转、反转启动按钮	腕部电机是否正转或反转运行				
6	自动运行模式	启动按钮	各手臂是否运行正常				
7		急停按钮	系统是否停止				

2.现场整理

工作中，记得要按照6S的要求对现场进行管理哦！你们做到表3-35的要求了吗？

表3-35　现场整理情况

要求＼名称	整理	整顿	清扫	清洁	安全
设备					
工具					
工作场地					

注：完成的项目打√，没有完成的打×。

3.技术文件整理

现在我们看看技术文件整理的情况，你们按表3-36的要求整理资料了吗？

表3-36　技术文件整理情况

内容＼名称	资料整理情况
项目前期资料收集	
项目中期资料汇总	
项目开发设计过程记录	
项目资料整理	
项目资料上交	

4.验收交付

完工了，请验收吧！验收单见表3-37所示！

表3-37　物料搬运机械手控制系统的安装与调试交付验收单

设备交付验收单			
验收部门		验收日期	
设备名称	XATC-JS001型物料搬运机械手控制系统		
验收情况			
序号	内容	验收结果	备注
1	机械手回零功能是否正常		
2	机械手手动运行是否正常		
3	机械手自动运行是否正常		
4	机械手肩部、臂部、腕部行程是否在范围内		
5	机械手手爪抓取速度和重量是否符合要求		
6	操作面板操作是否灵敏可靠		
7	操作面板显示是否正常		
8	机械手整机调试是否正常		
9	机械手运行是否无异常声响		
10	安全装置是否齐全可靠		
11	检验员是否能够独立操作使用该机械手		
12	工作现场是否已按6S整理		
13	工作资料是否已整理完毕		
验收结论：			
验收结果	操作者自检结果： □合格　□不合格 签名： 　　　　　年　月　日		检验员检验结果： □合格　□不合格 签名： 　　　　　年　月　日

终于完成任务了，好开心呀！

我们进步很大呀，来总结一下我们学到什么知识了！

工作小结

我们完成这项任务后
学到了知识和技能，
提高了素质！

我们还有些地方做
得不够好，我们要
继续努力！

带式输送机控制系统的安装与调试

在我们的生活中，有很多地方需要将物体进行输送，例如热电厂需要将原煤从煤厂运送到锅炉中，这种自动控制是如何实现的呢？今天我们就来研究这种靠输送机来实现自动控制的系统。

输送机是一种物料输送设备，可用于水平或倾斜输送。输送机作为一种输送量大、运行费用低、结构简单、便于维护、能耗较小、使用成本低的输送设备而得到广泛应用。

输送机的分类方式很多，按输送机的输送能力分，有重型输送机，如矿用输送机；轻型输送机，如用在电子、塑料、食品轻工、化工医药等行业的输送机。按输送机的结构分，有带式输送机、板式输送机、螺旋输送机、链式输送机和筒式输送机等。常见的输送机如图4-1所示。

(a)用于输送物料的皮带输送机　　(b)电子产品生产线上的皮带输送机

(c)饮料生产线上的输送机　　(d)机场商场等公共场所的载人输送机

(e)机场行李输送机　　(f)热电厂输煤输送机

图4-1 常见的输送机

我们主要研究的是带式输送机，下面我们来简单了解下它的背景知识吧！

　　带式输送机也叫皮带输送机，可单机应用，亦可与机械手、提升机和装配线等其他设备组成自动化生产线，以满足零部件加工、各种物品生产的需要。在工业生产中，带式输送机常用作生产机械设备之间构成连续生产的纽带，以实现生产环节的连续性和自动化，提高生产效率，减轻工人的劳动强度。

　　带式输送机的输送皮带有橡胶、帆布、PVC、PU等多种材质，除用于普通物料的输送外，还可满足耐油、耐腐蚀、防静电等有特殊要求物料的输送。其单根皮带长度可以是几十米甚至几千米，运输线的总长度可达数十千米。

　　带式输送机的主要结构如图4-2所示，有机架、输送皮带、皮带辊筒、张紧装置、主辊筒和传动装置等。带式输送机的机身由优质钢材连接而成，有前后支腿形成机架，机架上装有皮带辊筒、托辊等，用于带动和支撑输送皮带。

　　带式输送机的电气控制系统一般由控制装置、执行装置、被控对象和检测装置等组成，它们之间的控制关系方框图如图4-3所示。

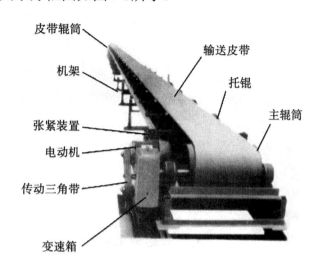

图4-2　皮带输送机的结构

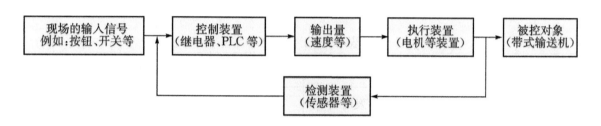

图4-3　带式输送机的电气控制系统方框图

　　这么多的传送装置中，在工业和生活中用得比较广泛的是机场行李输送系统和热电厂输煤系统，而且这两个系统的传送装置均比较典型、控制比较经典。那么我们就一起通过机场输送机系统和热电厂输煤系统的学习，掌握传送带的一般控制原理和传送带电气控制系统的安装和调试方法。

项目1 机场值机输送机控制系统的安装与调试

让我们来了解一下任务吧！

　　某小型机场正在新建一个小型行李输送系统，整个框架已经安装完成，目前进展到值机输送机的安装和调试，公司要求电气维修部门按照设计方案完成此项工作。为了能顺利完成工作任务，维修组决定先搭建一个模型系统来模拟完成任务。现机场值机输送机模型机械框架已经安装完成，要求电气维修1组在4天内完成机场值机输送机模型电气控制系统的安装和调试工作，完工后交部门验收，验收合格后就可以正式投入系统的安装与调试工作。

接受任务

这是组长给我们的工作任务单！

表4-1　工作任务单

工作地点		工　时	32 h	任务接受部门	电气维修1组
下发部门	电气维修部门	下发时间		完 成 时 间	
机场值机输送机的工作内容					备注
根据设计方案，完成机场值机输送机模型电气控制系统的安装与调试，完工后交部门验收，并提供相关资料。具体工作如下： （1）根据控制要求，设计机场值机输送机的电气控制原理图。 （2）编写机场值机输送机PLC控制程序。 （3）根据原理图安装电气回路。 （4）完成电气系统的调试运行，以满足系统的控制要求。 （5）提供相关资料。					
机场值机输送机的功能					备注
该小型机场行李厅设在一楼，办票大厅设在二楼，乘客从二楼登机，行李通过输送线送往一楼行李厅。电气维修1组模拟制作了一个值机系统，如图4-4所示。旅客在工作柜台处办理登机手续，行李会在检查登记柜台接受检查、登记、称重。完成了称重和标记后的行李在送往等待输送机前先通过X光机的检查。完成了这些过程，行李便被送往等待输送机。 　三段输送机的运行速度是30 r/min，负载能力10 kg/m，各段输送机能在满负荷下启动，启动后运行正常，无异样声音。					

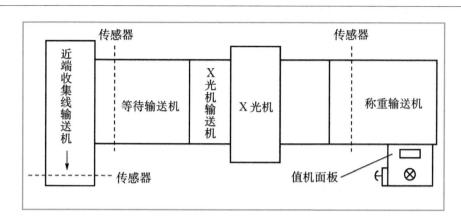

图4-4　机场值机输送机的值机系统

机场值机输送机控制系统的控制要求	备注

（1）值机操作面板控制：

使用值机柜台前，打开钥匙开关，值机系统进入正常工作状态。值机面板有4个状态指示灯，显示值机当前行李状态，CID状态指示灯常亮，表示该值机柜台已处于工作就绪状态，可以办理登记手续，值机员依据值机面板上的状态指示灯相应操作，值机面板如图4-5所示。

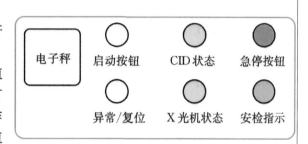

图4-5　值机操作面板

（2）值机系统的启动和停止控制：

旅客在工作柜台处办理登机手续，行李在称重输送机处检查、登记、称重，办票人员为符合条件的行李贴上航班标签后，按值机操作面板上的启动或脚踩脚踏开关，行李运入"X光"安检输送机上，经过安检的行李，从"X光"安检输送机运行到等待输送机上，行李自动停在等待输送机上等待安检信号，如正常行李，等待输送机自动启动，将行李自动送入传送输送机上。

输送带均安装了光点传感器，目的一是为触发下一级输送机，为输送机提供启动信号，下一级启动4S后上一级自动停止；目的二是以检测行李输送情况，起到节能功能。

在值机柜台旁设置紧急停止按钮，遇突发情况时，拍击红色蘑菇头开关，使整条输送线立即停止运行，并有声光警示。紧急停止解除必须使用操作面板或计算机上的急停复位按钮复位后，系统才能重新启动。

系统具有欠压、失压、过载保护功能。

序号	机场值机输送机控制系统的技术参数	数量
1	控制装置：可编程控制器控制（建议选用三菱FX2N系列）	1个
2	驱动装置：三相交流减速电机（型号：4IK25GN-U 功率：25 W）	3个
3	检测装置：对射型光电传感器（型号：SB5M-2K）	2对

工作任务单看完了，你知道我们下一步要干什么吗？

我们应该再多了解一些值机方面的知识。

相关知识学习

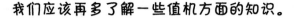

一、认识机场值机输送机系统

机场值机输送机的组成

值机输送机由电子秤输送机、"X光"（X射线）安检输送机及等待输送机等设备组成。

1. 电子秤输送机

旅客办理登机手续时，将行李放在电子秤输送机进行秤重，如图4-6所示。行李重量自动显示在每个柜台的显示器上，超重行李自动报警。每个柜台处都有一个脚踏开关，如果行李合格，办票人员为行李贴上航班标签后，脚踩脚踏开关，或按值机面板上的启动按键，行李运入"X光"安检输送机上。当脚踏开关被启动时，行李的传送就处于PLC程序控制。此输送带可实现正反转控制。机场不但检查行李的重量，且需检查行李的长度。行李超标会有声音和灯光报警提醒办票人员。

图4-6 电子秤输送机

2. "X光"安检输送机

此段输送机是专为配合"X光"安检而特殊设计的，从电子秤输送机进来的行李在此输送机上进行输送并接受"X光"扫描的安全检查，双通道值机输送机是有自锁、互锁功能，且接受安检设备的控制，如图4-7所示，当行李正常时，传递信号给PLC启动等待输送机运行。本项目中的模型是单通道值机输送机，只是给PLC提供一个输入信号。

单通道 X 射线机　　　　　　　　　双通道 X 射线机

图4-7　"X光"安检输送机

3. 等待输送机

经过安检的行李，从"X光"安检输送机运行到等待输送机上，行李自动停在等待输送机上等待安检信号，如正常行李，等待输送机自动启动，将行李自动送入皮带输送机上；如发现可疑行李，将行李提出开包检查。开包检查后行李无问题，再放入皮带输送机上输送。

值机输送机是机场行李输送系统的一部分，想了解更多机场行李输送系统的知识，请浏览网址：

http：// wenku.baidu.com/view/9e53b048f7ec4afe04a1df9e.html 安检、行李处理系统

http：// wenku.baidu.com/view/2855e08fcc22bcd126ff0cba.html 行李处理系统（人工分拣部分）

二、认识对射式光电传感器

用处很多，很重要哦！

对射式光电传感器是光电传感器的一种，光电传感器的知识可参考第二个任务的第二个情境：光电开关。

对射式光电传感器的发射器和接收器是分离的，如图4-8所示。在发射器与接收器之间如果没有物体遮挡，发射器发出的光线能被接收器接收到，开关不动作，如图4-9（a）所示。当有物体遮挡时，接收器接收不到发射器发出的光线，传感器产生输出信号，开关动作，如图4-9（b）所示，这种光电传感器能辨别不透明的反光物体，有效距离大。因为发射器发出的光束只跨越感应距离一次，所以不易受干扰，可以可靠地用于机场、野外或者粉尘污染较严重的环境中。

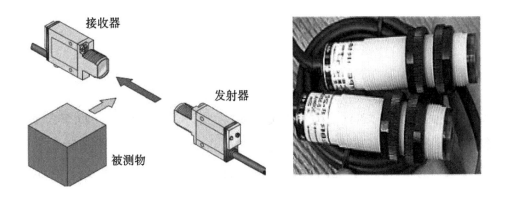

图4-8　对射式光电传感器

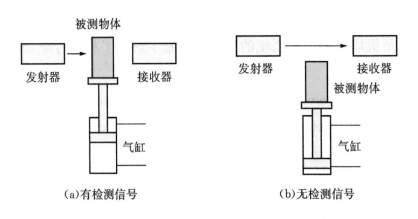

图4-9　对射式光电传感器工作原理示意图

三、选择性分支和并行性分支的编程方法

我们把简单的、只有一个流动路径的流程图称为单流程流程图。关于单流程流程图我们已经熟练掌握了，针对复杂控制任务的流程图，比如存在多种需依一定条件选择的路径，或者存在几个需同时进行的并行过程，我们将这种多分支汇合流程图规范为选择性分支汇合及并行性分支汇合两种典型形式，并提出了他们的编程表达原则。

选择性分支、汇合及其编程

1.选择性分支状态转移图及其特点

若有多条路径，而只能选择其中一条路径来执行，这种分支方式称为选择分支。如图4-10所示：

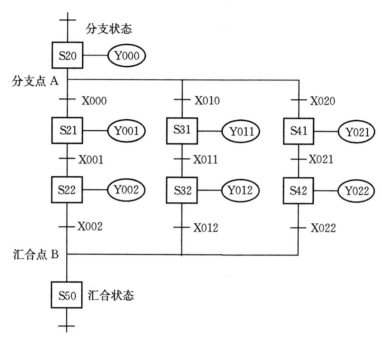

图4-10 选择性分支状态转移图

从图4-10中可以看出以下几点：

（1）该状态转移图有三个分支流程顺序。

（2）S20为分支状态。根据不同的条件（X000、X010、X020），选择执行其中一个分支流程。当X0接通时执行第一分支流程；当X10接通时执行第二分支流程；当X20接通时执行第三分支流程。X000、X010、X020不能同时接通。

（3）S50为汇合状态，可由S22、S32、S42任一状态驱动。

2.选择性分支与汇合状态转移图的编程方法

编程原则：是先集中处理分支状态，然后再集中处理汇合状态。

（1）分支状态的编程。

编程方法是先进行分支状态的驱动处理，再依顺序进行转移处理。

如图4-11所示，先进行驱动处理（OUT Y000），然后按S21、S31、S41的顺序进行转移处理。

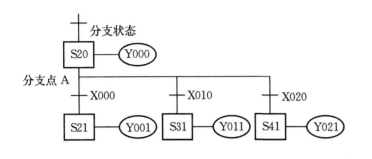

STL S20

OUT Y000 驱动处理

LD X000

SET S21 转移到第一分支状态

LD X010

SET S31

LD S020 转移到第二分支状态

SET S41 转移到第三分支状态

（a）分支状态 S20　　　　　　　　（b）分支状态 S20 程序

图4-11　分支状态S20及其编程

（2）汇合状态的编程。

编程思想：先进行汇合前状态的驱动处理，再依顺序进行汇合状态的转移处理。

汇合状态编程前先依次对S21、S22、S31、S32、S41、S42状态进行汇合前的输出处理编程，然后按顺序从S22（第一分支）、S32（第二分支）、S42（第三分支）向汇合状态S50转移编程。如图4-12所示。

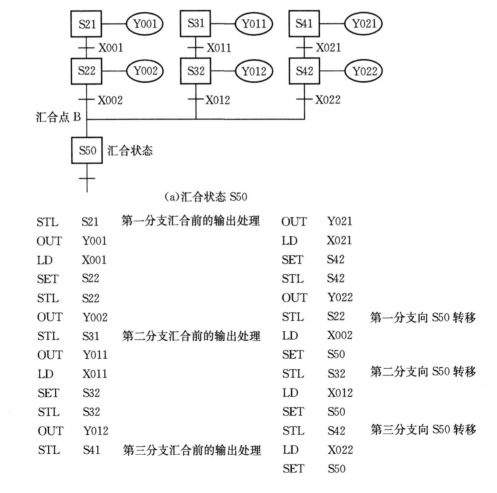

（a)汇合状态 S50

STL	S21	第一分支汇合前的输出处理	OUT	Y021	
OUT	Y001		LD	X021	
LD	X001		SET	S42	
SET	S22		STL	S42	
STL	S22		OUT	Y022	
OUT	Y002		STL	S22	第一分支向 S50 转移
STL	S31	第二分支汇合前的输出处理	LD	X002	
OUT	Y011		SET	S50	
LD	X011		STL	S32	第二分支向 S50 转移
SET	S32		LD	X012	
STL	S32		SET	S50	
OUT	Y012		STL	S42	第三分支向 S50 转移
STL	S41	第三分支汇合前的输出处理	LD	X022	
			SET	S50	

（b)汇合状态 S50 的编程

图4-12　汇合状态S50及其编程

（3）选择性分支状态转移图对应的状态梯形图。

根据图4-12选择性分支状态转移图和对应的指令表程序，可以绘出它的状态梯形图如图4-13所示。

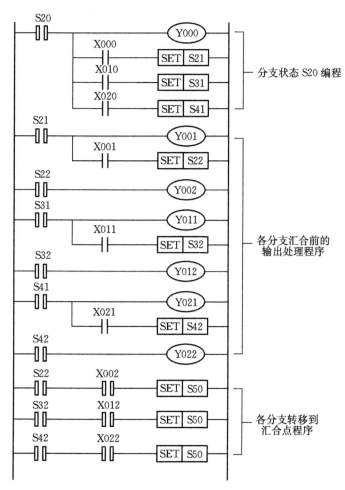

图4-13   选择性分支状态梯形图

并行性分支、汇合及其编程

1. 并行性分支状态转移图及其特点

若有多条路径，且必须同时执行，这种分支的方式称为并行分支流程。在各条路径都执行后，才会继续往下执行，像这种有等待功能的方式称之为并行汇合，如图4-13所示。

从图4-14中可以看出以下几点：

（1）该状态转移图有三个分支流程顺序。

（2）S20为分支状态。S20动作，若并行处理条件X000接通，则S21、S31和S41同时动作，三个分支同时开始运行。

（3）S30为汇合状态。三个分支流程运行全部结束后，汇合条件X002为ON，则S30动作，S22、S32和S42同时复位。这种汇合有时又叫做排队汇合（即先执行完的流程保持动作，直到全部流程执行完成，汇合才结束）。

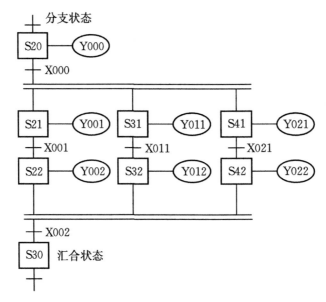

图4-14 并行性分支状态转移图

2. 并行性分支与汇合状态转移图的编程方法

编程原则：是先集中进行并行分支处理，再进行汇合处理。

（1）并行分支的编程。编程方法是先对分支状态进行驱动处理，然后按分支顺序进行状态转移处理，如图4-15所示。

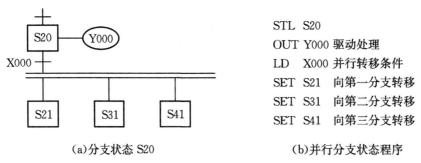

（a)分支状态 S20   （b)并行分支状态程序

图4-15 并行分支的编程

（2）并行汇合处理编程。编程方法是先进行汇合前状态的驱动处理，然后按顺序进行汇合状态的转移处理，如图4-16所示。

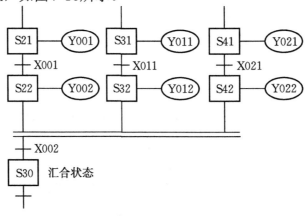

（a)汇合状态 S30

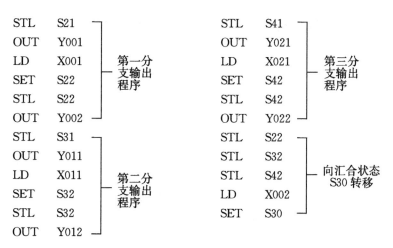

STL	S21		STL	S41	
OUT	Y001	第一分支输出程序	OUT	Y021	第三分支输出程序
LD	X001		LD	X021	
SET	S22		SET	S42	
STL	S22		STL	S42	
OUT	Y002		OUT	Y022	
STL	S31		STL	S22	
OUT	Y011	第二分支输出程序	STL	S32	向汇合状态S30转移
LD	X011		STL	S42	
SET	S32		LD	X002	
STL	S32		SET	S30	
OUT	Y012				

(b)并行性汇合状态编程

图4-16 并行汇合的编程

（3）并行分支状态转移图对应的状态梯形图，如图4-17所示。

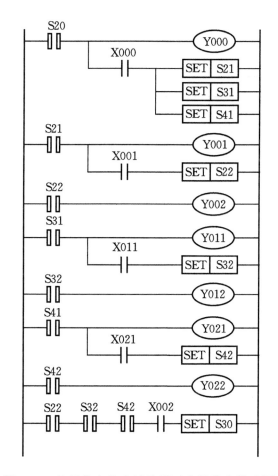

图4-17 并行分支状态转移图对应的状态梯形图

机场输送系统太有意思了，这个任务我喜欢！

I like too，我们快继续干吧！怎么干呢？

制定工作计划和方案

先了解一下工作流程吧！

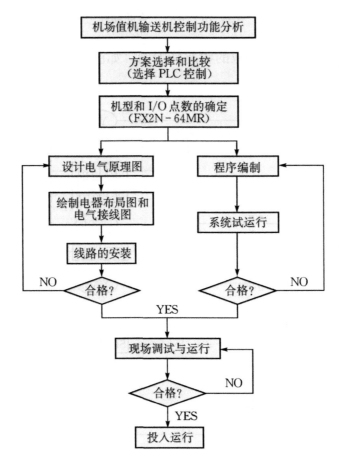

图4-18　机场值机输送机控制系统安装与调试流程图

请参考图4-18来制定我们的工作计划，并填入到表4-2中。

表4-2　机场值机输送机控制系统安装和调试计划表

工作阶段	工作内容	工作周期	备注

对了，我们还要把工具准备齐了！

请把装配用的工具、仪器填入表4-3中！

表4-3　装配用工具、仪器配备清单

编号	工具名称	规格	数量	主要作用
1				
2				
3				
4				
...				

万事俱备，干活了！

那我们就按照计划开始干吧！

任务实施

⚠ 安全提示：
时刻遵守安全操作规程，养成良好的职业习惯！

步骤一 设计机场值机输送机电气控制系统原理图

1.确定出PLC的输入和输出地址分配表

温馨提示

本任务中的脚踏开关、传感器信号、启动按钮、停止按钮、急停按钮等均可作为输入信号；警示灯、接触器、操作面板各状态指示等均可作为输出信号。

太简单了，赶快在表4-4中填写吧！

表4-4　PLC的输入和输出地址分配表

序号	输入			输出		
	输入信号	PLC输入地址	作用	输出信号	PLC输出地址	作用
1						
2						
3						
4						
...						

2.绘制电气控制系统原理图

主电路已经给了，我们只需要绘制系统的控制电路！

根据机场值机输送机的控制要求和PLC的输入/输出地址分配表，在图4-19中补充绘制机场值机输送机的电气控制原理图。

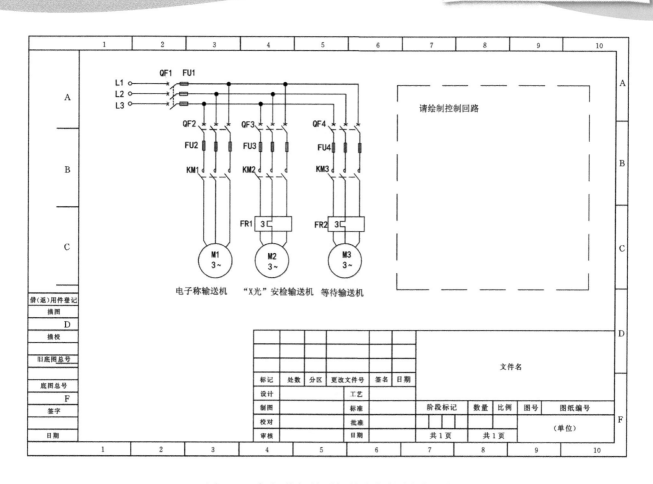

图4-19　机场值机输送机的电气控制原理图

 编制机场值机输送机控制程序

1.编制控制程序

温馨提示

机场值机输送机的工作过程主要是输送机的启动和停止，三个输送机连锁动作依靠传感器依次触发，形成顺启顺停的过程，在编程时还要考虑行李堵塞、超重、超大的影响。

综合分析机场值机输送机工作过程，虽然复杂，但是工作过程可以分解为若干个工序，而且各个工序的任务明确而具体，各工序间的联系清楚，工序间的转换条件直观，因此可以采用状态编程的思想。

思考一下吧：

（1）状态程序图的三要素是_____、_____、_____。

（2）步进接点指令是_____，梯形图符号为_____。

步进返回指令是_____，梯形图符号为_____。

（3）初始状态的元件编号为_____，一般状态的元件编号为_____。

机场值机输送机控制程序编程参考图4-20所示流程图。

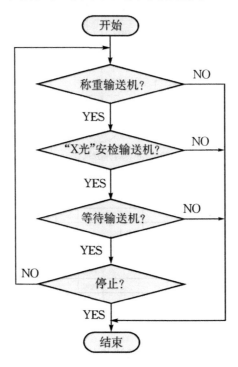

图4-20 机场值机输送机控制程序编程参考流程图

有了以上提示，让我们来绘制梯形图吧！

梯形图：

2.模拟调试

温馨提示

本任务中的实际输入信号：操作面板的信号、脚踏开关的信号、传感器的信号用、"X光"机的信号用钮子开关和按钮来模拟；实际的输出信号：接触器、继电器、警示灯、操作面板各状态指示灯用发光二极管来显示。

将程序下载到PLC中，进行模拟调试，这一步很重要，请将调试的结果填入表4-5中！

表4-5　机场值机输送机电气控制系统模拟调试记录表

输入信号	负载名称	状态		原因分析	解决方法
		ON	OFF		
操作面板/脚踏开关	电子秤输送机				
	警示灯				
	操作面板状态指示灯				
电子秤输送机末端的传感器	"X光"机输送机				
	操作面板状态				
	指示灯				
正常行李信号	等待输送机				
	操作面板状态指示灯				
等待输送机末端的传感器	下一级输送机				
急停开关	报警指示灯				

步骤三　绘制机场值机输送机电气控制系统布局图

温馨提示

从本任务的主电路看出，值机输送机的主电路控制比较简单，我们在绘制布局图时只需要考虑控制电路PLC的安装位置即可，其余要求我们只需要遵循电气控制系统布局图的绘制原则进行元件的合理布局就可以了。

请在下面的图框中绘制机场值机输送机电气控制系统布局图！

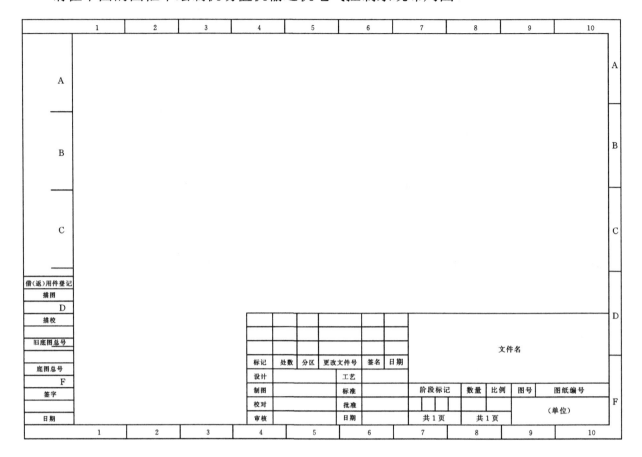

步骤四 绘制机场值机输送机电气控制系统安装接线图

有了原理图和布局图，绘制接线图就很简单了，不过我们要遵循绘制接线图的原则！赶快在下面的图框中绘制吧！

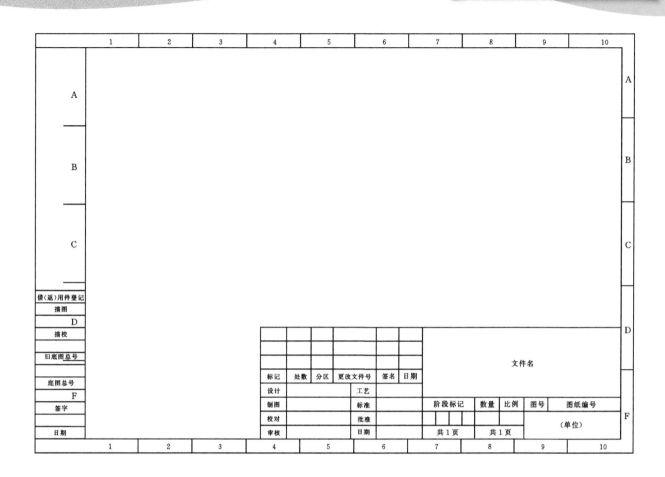

							文件名			
标记	处数	分区	更改文件号	签名	日期					
设计			工艺							
制图			标准			阶段标记	数量	比例	图号	图纸编号
校对			批准							
审核			日期			共1页	共1页		(单位)	

 **步骤五 安装机场值机输送机电气控制系统元器件**

温馨提示

根据功能要求、控制要求和技术指标来选择机场值机模型系统元器件。注意三相交流减速电机、传感器的型号已经给出，我们只需要根据电机的功率来选择空气开关、接触器、中间继电器、热继电器、开关电源等元件的型号。

1.确定并领取元器件

请在表4-6中补充填写机场值机输送机电气控制系统的元器件。

表4-6　机场值机输送机电气控制系统的元器件清单

序号	元器件名称	型号及规格	数量
1	三相交流减速电机	4IK25GN-U	3个
2	对射型光电传感器	SB5M-2K	2对
3			
4			
…			

材料管理员：　　　　　领料人：　　　　　日期：

请补充填写其他元器件！

领取时一定要核对型号、检查元件的质量，确定是否合格哟！

2.安装机场值机输送机电气控制系统的元器件

温馨提示

　　前面已经学习了传感器安装的技巧，对射型光电传感器在安装时要注意行李的平均尺寸和运动速度等因素，要嵌入到输送机两边轨道内。

请按照安装步骤填写表4-7。

表4-7　机场值机输送机电气控制系统的安装步骤

序号	元器件安装步骤	安装中遇到的问题	采取的措施	备注
1				
2				
3				
4				
…				

步骤六 机场值机输送机电气控制系统的接线

 温馨提示

（1）将警示灯、传感器和减速电机的连线连接到接线排合适的位置。注意将动力线和信号线分开。

（2）先完成PLC输出回路和警示灯的连接，再进行PLC输入回路的线路连接。

（3）完成减速电机的线路连接。

（4）最后连接各模块的电源线。

我们先来学习一下对射型光电传感器的接线方法。

 知识回顾

对射型光电传感器的接线方法

对射型光电传感器的发射端有两根线，分别是棕色线和蓝色线，棕色接电源正极（接+24 V），蓝色接电源负极（接0 V）。接收端是三根线，分别是棕色线、蓝色线和黑色线，棕色接电源正极（接+24 V），蓝色接电源负极（接0 V），黑色线接PLC的输入接口，如图4-21所示。

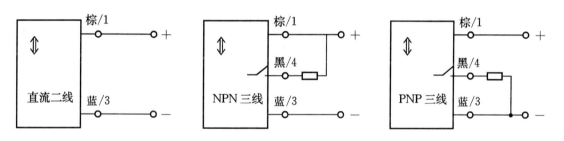

图4-21　对射型光电传感器的接线方法

 请按照接线步骤填写表4-8。

表4-8　机场值机输送机电气控制系统接线步骤

序号	接线步骤	接线中遇到的问题	采取的措施	备注
1				
2				
3				
4				
…				

步骤七 机场值机输送机电气控制系统通电前的检查

1.通电调试

　　为了确保输送机电气控制系统正常工作，当输送机在第一次调试之前都要进行通电前检查！请参照记录表4-9中的内容进行检查！

表4-9　机场值机输送机电气控制系统通电前检查结果记录表

序号	检查部位	工艺检查		检测结果（状态）			异常处理措施
		合格	不合格	通路	断路	短路	
1	电子秤输送机主回路						
2	"X光"安检输送机主回路						
3	等待输送机主回路						
4	PLC控制回路						
5	操作面板回路						

步骤八 机场值机输送机电气控制系统系统调试与验收

1.通电调试

　　检查电路连接是否满足工艺要求，并且电路连接正确，无短路故障后，可接通电源，请按图4-22的流程进行通电调试！并把结果填入表4-10中。

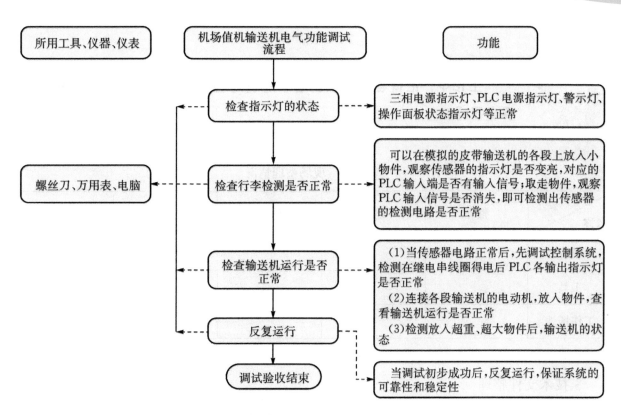

图4-22　机场值机输送机电气控制系统通电调试流程图

表4-10　机场值机输送机电气控制系统调试结果记录表

序号	输入信号	检测项目	检测结果状态		故障原因	故障排除
			正常	故障		
1	脚踏开关起动 值机面板起动	称重输送机正反转运行				
		值机操作面板的状态指示灯				
2	称重输送机末端 传感器检测到信号	4S后称重输送机停止				
		"X光"机输送机运行				
3	正常行李	等待输送机运行				
4	等待输送机末端 传感器检测到信号	4S后等待输送机				
		下一级输送机PLC输出端显示灯				
5	急停	系统停止运行				

2.现场整理

工作中，记得要按照6S的要求对现场进行管理哦！你们做到表4-11的要求了吗？

表4-11 现场整理情况

名称＼要求	整理	整顿	清扫	清洁	安全
设备					
工具					
工作场地					

注：完成的项目打√，没有完成的打×。

3.技术文件整理

现在我们看看技术文件整理的情况，你们按表4-12的要求整理资料了吗？

表4-12 技术文件整理情况

名称＼内容	资料所包括内容
项目前期资料收集	
项目中期资料汇总	
项目开发设计过程记录	
项目资料整理	
项目资料上交	

4.验收交付

完工了，请验收吧！验收单见表4-13所示！

表4-13 机场值机输送机控制系统安装与调试交付验收单

设备交付验收单			
验收部门		验收日期	
设备名称	机场值机输送机控制系统		
验收情况			
序号	内容	验收结果	备注
1	称重输送机、"X光"安检输送机、等待输送机启动\停止是否正常		
2	称重输送机、"X光"安检输送机、等待输送机运行是否正常		
3	值机面板操作是否灵敏可靠		
4	值机面板操作是否正常		
5	输送机运行是否无异常声响		
6	安全装置是否齐全可靠		
7	检验员是否能够独立操作使用该机场值机输送系统		
8	工作现场是否已按6S整理		
9	工作资料是否已整理完毕		
验收结论：			
验收结果	操作者自检结果： □合格 □不合格 签名： 　　　　　年　月　日		检验员检验结果： □合格 □不合格 签名： 　　　　　年　月　日

终于完成任务了，好开心呀！

我们进步很大呢，来总结一下我们学到了什么？

工作小结

我们完成这项任务
后学到的知识、技
能和素质！

我们还有这些地方
做得不够好，我们
要继续努力！

项目2　热电厂输煤输送机控制系统的安装与调试

开始第二个任务了！

　　某小型热电厂的输煤系统是一种传统的基于继电接触器和人工手动方式的半自动化系统。由于输煤系统现场环境十分恶劣，导致继电接触器控制系统经常出现问题，大大降低了发电厂的生产效率，公司决定对此输煤输送机控制系统进行改造，要求电气维修部门在保证功能不变的情况下，改造成全自动控制方式。为了保证任务的顺利实施，电气维修部门决定先设计制作一个模型系统，模型的机械部分已经安装完成，现要在4天内完成电气控制系统的安装和调试工作。

接受任务

我来介绍部门给我们的工作任务单！

表4-14　工作任务单

工作地点		工　时	32 h	任务接受部门	电气维修1组
下发部门	电气维修部	下发时间		完成时间	
热电厂输煤输送机控制系统的工作内容					备注

热电厂输煤输送机控制系统的工作内容

　　完成热电厂输煤系统模型电气控制系统的安装与调试，完工后交部门验收，并提供相关资料。具体工作如下：

　　（1）根据控制要求，设计输煤输送机控制系统的电气控制原理图。

　　（2）编写输煤输送机PLC程序。

　　（3）根据原理图安装电路。

　　（4）完成电气系统的调试运行，以满足系统的控制要求。

　　（5）提供相关资料。

热电厂输煤输送机控制系统的功能

　　该小型热电厂输煤输送机负责将煤场的煤输送至锅炉，整个热电厂输煤输送机由卸煤部分和上煤部分两部分组成，卸煤部分由料斗和1号输送机组成，上煤部分由犁煤机、2号输送机、3号输送机、4号输送机四部分组成。

　　模型中皮带输送机承受负载能力10 kg/m，速度为50 r/min，采用变频器软启动方式，卸煤部分的1号输送机用一个变频器实现，上煤部分的2号～4号输送机采用一个变频器轮换实现软启动。

　　图4-23是热电厂输煤输送机结构图。

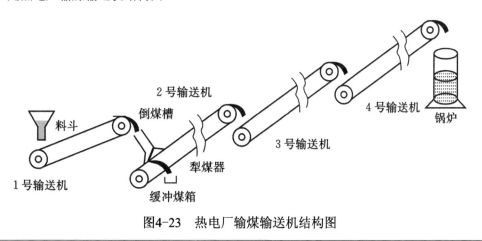

图4-23　热电厂输煤输送机结构图

续表

热电厂输煤输送机控制系统的控制要求	备注
（1）起动控制： 起动时，为了避免在前段运输皮带上造成煤料堆积而造成事故，系统要求卸煤输送机先启动。启动时，先预警各设备，经30 s的延时后才起动各设备。 卸煤部分：先启动1号输送机，经30 s延时，启动料斗，完成卸煤部分的起动过程。 上煤部分：和卸煤部分同步启动，先启动4号输送机，经10 s延时，启动3号输送机，经过10 s延时，启动2号输送机，经过10 s延时，犁煤机起动，完成上煤部分的启动过程。 （2）停止控制： 停止时为了使运输皮带上不残留煤料而造成事故，系统要求顺煤料流动方向按一定时间间隔顺序停止，即先停止最前一台输送机或设备，待10 s延时后，再依次停止其他输送机或设备。 卸煤部分：先停止料斗，经过10 s延时后，1号输送机停止，完成卸煤部分的停止过程。 上煤部分：1号输送机停止10 s后，犁煤机停止，经过10 s延时后，2号输送机停止，经过10 s延时后，3号输送机停止，经过10 s延时后，4号输送机停止，完成上煤部分的停止过程。 （3）紧急停止： 当整个系统遇有紧急情况或故障时，系统将无条件的把全部输送机停止。 （4）故障停止： 当某台输送机或设备发生故障时，该输送机及其前面的输送机立即停止，而该输送机以后的输送机待煤料运完后才停止，如卸煤部分1号输送机遇有故障时，1号输送机和料斗立即停止，经10 s延时，2号输送机停止，经过10 s延时，3号输送机停止，再经过10 s延时，4号输送机停止。 （5）保护措施： 此模型系统除具有断路、短路、过载、过流、欠电压、缺相、接地等保护以外，每段输送机还需配备防跑偏装置和紧急事故开关装置。	

序号	热电厂输煤输送机控制系统的技术参考	数量
1	控制装置：可编程控制器控制（建议选用三菱FX2N系列）	1个
2	驱动装置：用三菱FR-A500系列变频器实现三相交流减速电动机的软启动，电动机的型号（6IK180GU-CFW）	3个
3	检测装置：跑偏开关（型号KFP-127/1A）、双向拉绳开关（型号KHL1）	各4对

这个任务的难度系数比上个任务大啊！

那有什么，我不怕!我们开始吧，先去认识认识系统吧！

相关知识学习

一、电动机软启动控制方式

软启动的定义及接线

　　软启动就是降压起动，通过可控硅相角触发控制以降低加在电动机上的电压，然后慢慢地提高加在电动机上的电压和电流来平滑地增加电动机转矩，直到电动机加速到全速运行。

　　电机的软启动是靠软启动器实现的，软启动器运用串接于电源与被控电机之间的软起动器，控制其内部晶闸管的导通角，使电机输入电压从零以预设函数关系逐渐上升，直至起动结束赋予电机全电压，实现电动机软启动的装置称为软启动器。常见的软启动器如图4-24所示。

图4-24　常见的软启动器

　　电动机软启动装置常规有两种接线方式，一种是带旁路，如图4-25所示；另一种是不带旁路，如图4-26所示。带旁路回路的接线方式，在电动机启动结束后，可以通过旁路回路把软启动装置旁路掉，使其不带电，便于维护、检修；不带旁路的接线方式是电动机启动结束后，软启动装置仍处于带电状态，影响其使用寿命。

带式输送机的软启动实现方式——变频器

　　《煤矿安全规程》规定，带式输送机必须加设软起动装置。目前煤矿采用的软起动装置绝大部分是液力偶合器。液力偶合器虽然能部分解决皮带机的软起动问题，但与变频器驱动相比，仍具有明显的劣势，运用变频器对带式输送机的驱动进行改造，将给用户带来极大的社会和经济效益。

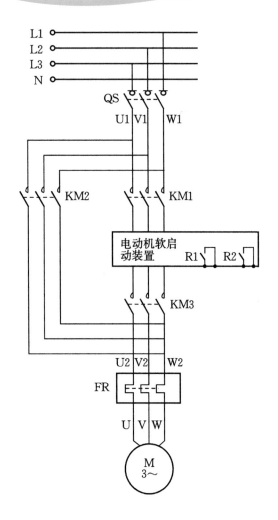

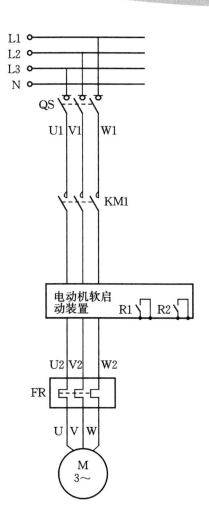

图4-25 带旁路的软启动接线方式　　　图4-26 不带旁路的软启动接线方式

（1）真正实现了带式输送机系统的软起动。运用变频器的软起动功能，将电机的软起动和皮带机的软起动合二为一，通过电机的慢速起动，带动皮带机缓慢起动，将皮带内部贮存的能量缓慢释放，使皮带机在起动过程中形成的张力波极小，几乎对皮带不造成损害。

（2）实现皮带机多电机驱动时的功率平衡。应用变频器对皮带机进行驱动时，一般采用一拖一控制，当多电机驱动时，采用主从控制，实现功率平衡。

（3）降低皮带带强。采用变频器驱动之后，由于变频器的起动时间可在1～3600 s可调，通常皮带机起动时间在60～200 s内根据现场设定，皮带机的起动时间延长，大大降低对皮带带强的要求，降低设备初期投资。

（4）降低设备的维护量。变频器是一种电子器件的集成，它将机械的寿命转化为电子的寿命，寿命很长，大大降低设备维护量。同时，利用变频器的软起动功能实现带式输送机的软起动，起动过程中对机械基本无冲击，也大大减少了皮带机系统机械部分的检修量。

（5）节能。在皮带机上采用变频驱动后的节能效果主要体现在提高了无功功率和系统效率两个方面。

带式输送机采用液力偶合器实现软启动和采用变频器实现软起动的比较，具体内容详见网址：

http：// wenku.baidu.com/view/bf63f0e49b89680203d825f8.html 带式输送机采用变频器与液力耦合器的比较

http：// wenku.baidu.com/view/d1e926e5524de518964b7d3f.html 矿用皮带机变频电控系统在煤矿的应用

http：// wenku.baidu.com/view/8e05b908f78a6529657d5307.html 软启动方式的选择

二、认识跑偏开关

跑偏开关是输送机自动化控制不可缺少的传感元件，用于检测输送皮带运行过程中发生扭曲、过载偏离的故障，能有效防止因输送带跑偏造成的撒料、过负载、人员伤亡等事故。常见的跑偏开关如图4-27所示。

图4-27　常见的跑偏开关

跑偏开关安装在输送机沿线两侧并成对安装，如图4-28所示。当输送机设备运行时有过载、重心偏移或输送带扭曲等，造成输送带偏离正常轨道，输送带挤压旋转臂，带动机内凸轮并感应微动开关，实现皮带跑偏自动报警和停机功能，以防止输送机因过量跑偏而发生事故。

图4-28 跑偏开关的安装位置

跑偏开关防护等级高达IP67，能完全防止粉尘的进入和水流侵蚀。最大倾角高达75℃，自由度更高，了解更多关于跑偏开关的知识，请浏览网址：

http：// baike.baidu.com/view/3537513.htm 跑偏开关介绍

http：// www.tsxljd.com/Product.asp？BigClassName 跑偏开关产品介绍

三、认识拉绳开关

拉绳开关（pull cord switch）俗称"紧急停机开关"，是一种开关型传感器（即无触点行程开关），是带式输送机必备的安全保护装置。拉绳开关既有行程开关、微动开关的特性，同时又具有传感性能，并且动作可靠、性能稳定、频率响应快、使用寿命长、抗干忧能力强、防水、防震、耐腐蚀等特点。常见的拉绳开关如图4-29所示。

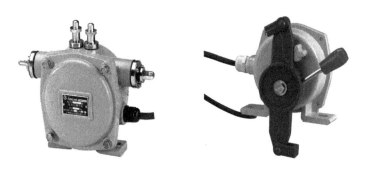

图4-29 常见的拉绳开关

拉绳开关由拉杆、复位柄、凸轮、锁槽及微动开关等组成。

拉绳开关安装于皮带输送机的两侧的机架上，用钢丝绳沿着输送机两侧把开关连接起来。当输送带设备发生紧急事故时，在现场沿线任意处拉动钢丝绳，钢丝绳牵动驱动臂旋转，通过传动轴带动扭力弹簧使精密凸轮发生位移，驱动微动开关切断控制线路，使输送机停止运行。

拉绳开关分为手动复位和自动复位两种，需要达到国家规定IP等级。

自动复位：动作后能自动回到初始位置，可能会造成误差启动。

手动复位：动作后有自锁装置能保持在操作位置上，需要手动操作复位手柄可使其返回初始位置。

拉绳开关适用于煤炭、冶金、电力、化工、交通、水泥、码头等行业。

特别适合在沿海及恶劣环境下使用，要了解更多关于拉绳开关的知识，请浏览网址：

http：// wenku.baidu.com/view/5076d001e87101f69e31953f.html 拉绳开关介绍

http：// wenku.baidu.com/view/22ffddeb81c758f5f61f6729.html 双向拉绳开关知识

四、认识犁煤器

犁煤器作为热电厂输煤系统中主要的配煤设备，其在输煤工艺流程过程中起着重要的作用，也是输煤程控系统中最主要的监控对象。特点是结构合理、动作灵活、工作可靠、运行平稳、卸料干净、维修方便、能有效地克服输送机溢煤。图4-30所示的是一种常见的犁煤器。

图4-30　一种常见的犁煤器

犁煤器全称是犁式卸料器，用于电厂配煤，可实现带式输送机的中途卸料。一般有固定式和可变槽角式两种。固定式是一种老式犁煤器，可变槽角式是一种新式犁煤器，如图4-31所示。目前电厂主要的是可变槽式犁煤器。犁煤器的驱动推杆有电动、汽动、

液力推杆三种方式，其中电动推杆被广泛使用。它可直接安装在输送机的中间架上，实现将输送机上的物料在固定地点均匀、连续地卸入到需料的场所。

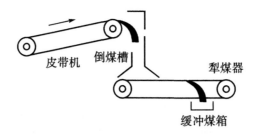

图4-31 可变槽式犁煤器

犁煤器在输煤系统中起着重要的作用，关于其结构、特点等详细的知识，请浏览网址：

http：// wenku.baidu.com/view/ebbb1d6caf1ffc4ffe47ac8f.html 输煤设备运行（犁煤器）

http：// wenku.baidu.com/view/3792bb1c227916888486d754.html 电动液压卸料器技术要求

热电厂输煤输送机的控制要用变频器呢！

我们已经学过用变频器了，应该不难，我们开始制定计划吧！

制定工作计划和方案

先了解一下工作流程吧！

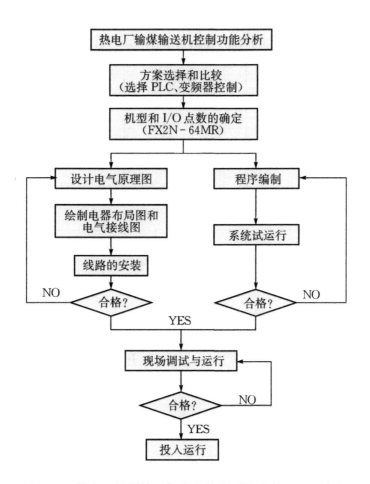

图4-32 热电厂输煤输送机电气控制系统安装和调试流程

请参考图4-32来制定我们的工作计划，并填入到表4-15中。

表4-15 热电厂输煤输送机控制系统安装和调试计划表

工作阶段	工作内容	工作周期	备注

别忘了准备工具哦！

请把装配用的工具、仪器填入表4-16中!

表4-16　装配用工具、仪器配备清单

编号	工具名称	规格	数量	主要作用
1				
2				
3				
4				
...				

我们马上行动吧!

开始干喽!

步骤一 设计热电厂输煤输送机电气控制系统的电气原理图

1.首先要确定出PLC的输入和输出地址分配表

温馨提示

（1）根据控制要求，本任务中的启动按钮、停止按钮、急停按钮、跑偏开关、拉绳开关等均可作为输入信号；警示灯、接触器等均可作为输出信号。

（2）每段输送机上均安装一对跑偏开关、一对拉绳开关，四个跑偏开关分配同一个输入地址，四个拉绳开关分配同一个输入地址。

有了上面的提示，对我帮助很大!赶快在表4-17中填写吧!

表4-17　PLC的输入和输出地址分配表

序号	输入			输出		
	输入信号	PLC输入地址	作用	输出信号	PLC输出地址	作用

2.绘制电气控制系统原理图

　　根据控制要求，卸煤部分和上煤部分的输送机均采用变频器实现软启动。图中给出了卸煤部分1号输送机的主电路图，请参照图4-33图中卸煤部分的主电路绘制上煤部分的主电路以及整个控制系统的控制电路。

思考一下吧：

　　（1）变频器的组成、工作原理什么？

　　（2）变频器的作用是什么？

　　（3）一台变频器如何切换控制三台三相异步电动机的起动？

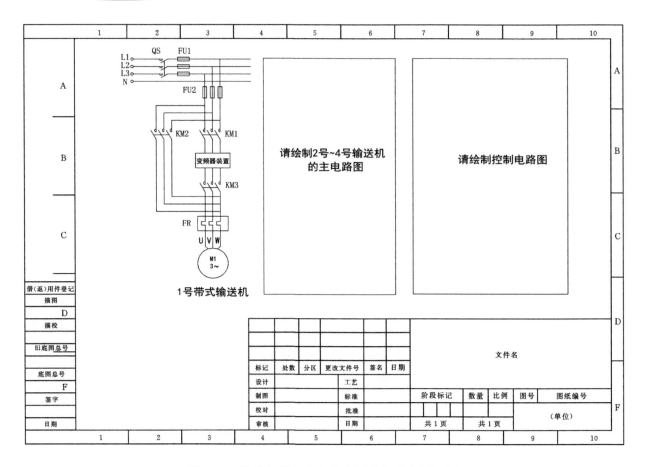

图4-33 输煤输送机电气控制系统的电气原理图

 **编制热电厂输煤输送机控制程序**

1.编制控制程序

温馨提示

　　热电厂输煤输送机的工作过程同样是输送机的启动和停止，所不同的是输送机依次连锁动作依靠时间触发，形成顺启逆停的过程。综合分析热电厂输煤输送机的工作过程，同样可以采用状态编程的思想，在故障处理问题上，要考虑到选择的问题。

　　图4-34所示的是热电厂输煤输送机的起动和停止过程控制流程，编程时可以用作参考！

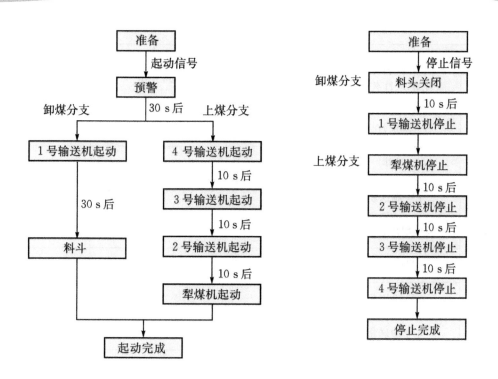

图4-34　热电厂输煤输送机起动和停止过程控制流程

梯形图：

2.模拟调试

将程序下载到PLC中，进行模拟调试，这步很重要，请将调试的结果填入表4-18中。

表4-18 热电厂输煤输送机电气控制系统模拟调试记录表

启动输入信号	负载名称（用指示灯代替）	状态		原因分析	解决方法
		ON	OFF		
启动按钮	警示灯				
	料斗				
	1号输送机				
	犁煤器				
	2号输送机				
	3号输送机				
	4号输送机				
停止按钮	料斗				
	1号输送机				
	犁煤器				
	2号输送机				
	3号输送机				
	4号输送机				
拉绳开关	系统运行				
跑偏开关	系统运行				
急停按钮	系统运行				

步骤三 绘制热电厂输煤输送机电气控制系统布局图

图4-35是某热电厂的电气控制柜图，请参考此布局图绘制本热电厂输煤输送机电气布局图！

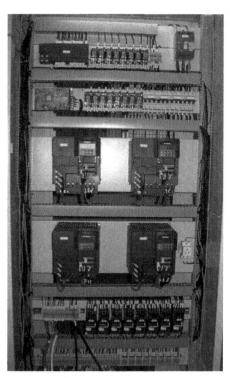

图4-35 某热电厂的电气控制柜图（供参考）

请参考图4-35绘制在下面的图框中绘制本热电厂输煤输送机电气控制系统布局图！

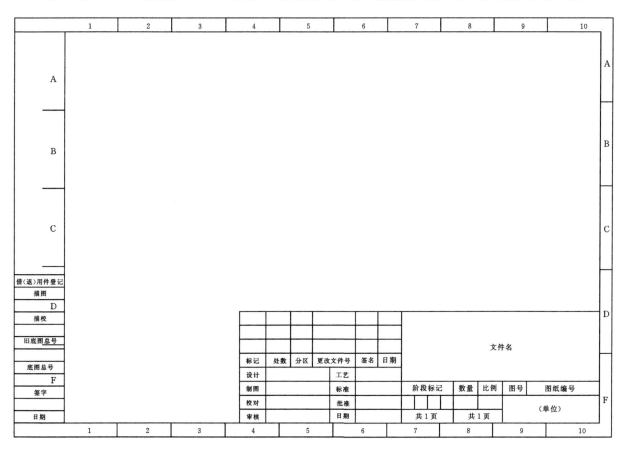

步骤四 绘制热电厂输煤输送机电气控制系统接线图

绘制好了原理图和布局图，我们该绘制接线图了，赶快在下面的图框中绘制吧！

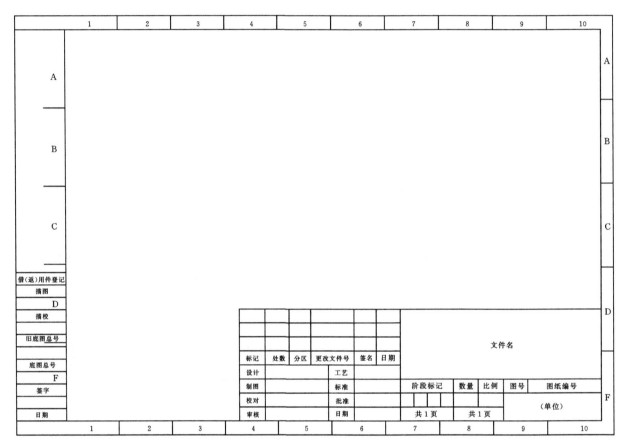

步骤五 安装热电厂输煤输送机电气控制系统元器件

温馨提示

根据功能要求、控制要求和技术指标来选择热电厂输煤输送机模型系统元器件。注意三相异步电动机、变频器、传感器的型号已经给出，我们只需要根据电机的功率来选择空气开关、接触器、中间继电器、热继电器、开关电源等元件的型号。

1.确定并领取元器件

请在表4-19中补充填写热电厂输煤输送机电气控制系统的元器件。

表4-19　热电厂输煤输送机电气控制系统的元器件清单

序号	元器件名称	型号及规格	数量
1	三相交流减速电动机	6IK180GU-CFW	4台
2	变频器	三菱FR-A500	2台
3	PLC	三菱FX2N-64MR	1台
4	拉绳开关	KHL1	4个
5	跑偏开关	KFP-127/1A	4个
...			

材料管理员：　　　　　　领料人：　　　　　日期：

请补充填写其他元器件！

领取时一定要核对型号、检查元件的质量，确定是否合格呦！

2.安装热电厂输煤输送机电气控制系统的元器件

拉绳开关和跑偏开关的安装位置很重要哦，下面我们先来学习一下相关的知识再进行安装就简单了！

拉绳开关的安装位置

拉绳开关应安装在输送机两边具有检修通道的地方，安装位置应确保检修人员在紧急情况下操作方便，如图4-36所示。

图4-36　拉绳开关的安装位置

安装注意事项，如图4-37所示：

（1）将拉绳开关固定在机架上。

（2）一侧的两台开关之间距离为30 m左右，采用直径为4 mm的钢丝绳连接，松紧应适度。

（3）为减小钢丝绳自重对开关启动的影响，每隔3 m在机架上装一个托环，以支撑钢丝绳。

（4）钢丝绳的另一端系在拉簧上（用绳扣固定），在不影响正常使用的情况下用紧线器将两侧拉绳张紧，并确保两侧张力均衡。

（5）对于爬坡段输送机，应尽量缩短开关间距及拉绳长度。

（6）对两侧设人行道的带式输送机，在带式输送机的每一侧均应设双向拉绳开关。

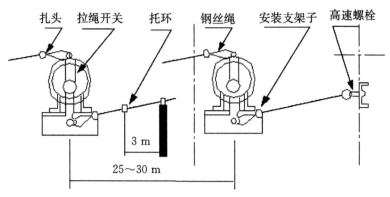

图4-37　拉绳开关的安装位置

跑偏开关的安装位置

跑偏开关的安装注意事项如下，参见图4-38。

（1）跑偏开关设在输送带两侧，立辊应与输送带边平面垂直，并使输送带两边位于立辊高度1/3处。

（2）跑偏开关立辊与输送带正常位置的间距宜为50～100 mm。

（3）跑偏开关数量应根据输送机长度、类型及布置情况进行确定。一般应在输送机头部、尾部、凸弧段、凹弧段和在输送机中间位置进行设置（注：当输送机较长时，在输送机中间位置可每隔30～35 m设一对）。

（4）跑偏开关应通过安装支架与输送机中间架连接，开关支架应在输送机安装完成后与输送机机架焊接，跑偏开关与跑偏开关支架用螺栓固定。

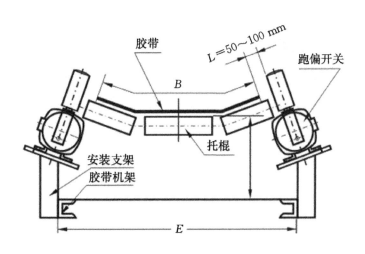

图4-38　跑偏开关的安装位置

请按照安装步骤填写表4-20！

表4-20　热电厂输煤输送机电气控制系统安装步骤

序号	元器件安装步骤	安装中遇到的问题	采取的措施	备注
1				
2				
3				
4				
...				

步骤六　热电厂输煤输送机电气控制系统的接线

接线之前先来学习一下跑偏开关和拉绳开关的接线方法吧！

KFP-127/1A型跑偏开关的接线方法

KFP-127/1A跑偏开关里面有两组微动开关，每组有三根线，见图4-39所示（其中一根是公共线，另外两根分别是一根常开线和一根常闭线，可以用万用表量一下）。

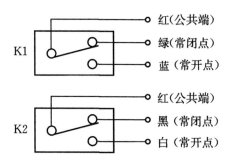

图4-39 KFP-127/1A型跑偏开关的接线

KHL1型拉绳开关接线方法

KHL1型拉绳开关出厂时多数已配接三蕊橡胶套电缆，芯线上有线号，参照图4-40接线。

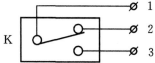

图4-40 KHL1型拉绳开关的接线

请按照接线步骤填写下表4-21。

表4-21 输煤输送机电气控制系统的接线步骤

序号	接线步骤	接线中遇到的问题	采取的措施	备注
1				
2				
3				
4				
...				

步骤七 热电厂输煤输送机电气控制系统通电前的检查

为了确保输煤输送机电气控制系统正常工作，当输煤输送机在第一次调试之前都要进行通电前检查！请参照记录表4-22。

表4-22 热电厂输煤输送机电气控制系统通电前检查结果记录表

序号	检查部位	工艺检查		检测结果（状态）			异常处理措施
		合格	不合格	通路	断路	短路	
1	料斗回路						
2	1号输送机主回路						
3	犁煤机回路						
4	2号输送机主回路						
5	3号输送机主回路						
6	4号输送机主回路						
7	控制回路						
...							

步骤八 热电厂输煤输送机电气控制系统调试与验收

1.通电调试

⚠️ 安全提示

在给皮带输送机通电运行过程中，要严格遵守用电安全规程，要保证一人操作，一人监护。

逐项输送机调试过程：调试1号输送机的运行状态：如图4-41所示，先闭合SA1，此时SA2、SA3、SA4均不闭合，运行整个程序，1号输送机接触器线圈KM1得电，查看1号输送机运行状态和停止状态是否正常。2号输送机、3号输送机、4号输送机的运行状态同1号输送机。

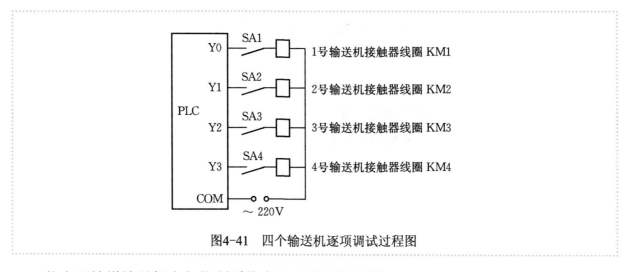

图4-41 四个输送机逐项调试过程图

热电厂输煤输送机电气控制系统电调试流程图见图4-42。

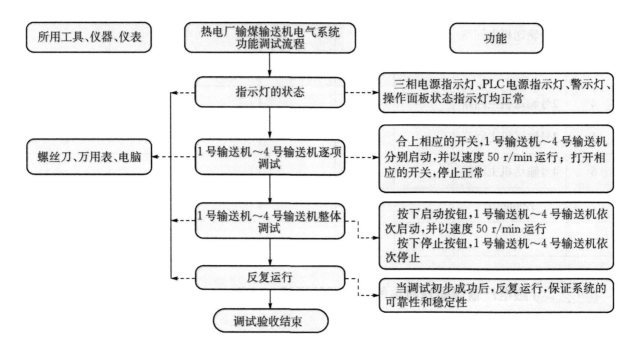

图4-42 热电厂输煤输送机电气控制系统通电调试流程图

检查电路连接是否满足工艺要求，并且电路连接正确，无短路故障后，可接通电源，对于本任务可以采用逐项调试的方法。调试过程请按图4-42的流程进行通电调试！并把结果填入表4-23中。

表4-23　热电厂输煤输送机电气控制系统调试结果记录表

序号	输入信号	检测项目		检测结果状态		故障原因	故障排除
				正常	故障		
1	启动按钮	指示灯状态					
		卸煤部分	1号输送机状态				
			料斗状态				
		上煤部分	4号输送机状态				
			3号输送机状态				
			2号输送机状态				
			犁煤器状态				
2	停止按钮	卸煤部分	料斗状态				
			1号输送机状态				
		上煤部分	犁煤器状态				
			2号输送机状态				
			3号输送机状态				
			4号输送机状态				
3	急停按钮/拉绳开关/跑偏开关	系统状态					

2.现场整理

工作中，记得要按照6S的要求对现场进行管理哦！大家做到表4-24的要求了吗？

表4-24　现场整理情况

要求名称	整理	整顿	清扫	清洁	安全
设备					
工具					
工作场地					

注：完成的项目打√，没有完成的打×。

3.技术文件整理

现在我们看看技术文件整理的情况，大家按表4-25的要求整理资料了吗？

表4-25　技术文件整理情况

名称＼内容	资料所包括内容
项目前期资料收集	
项目中期资料汇总	
项目开发设计过程记录	
项目资料整理	
项目资料上交	

4.验收交付

完工了，请验收吧！验收单如4-26所示！

表4-26　热电厂输煤输送机送机控制系统安装与调试交付验收

设备交付验收单				
验收部门			验收日期	
设备名称	热电厂输煤输送机控制系统			
验收情况				
序号	内容		验收结果	备注
1	1号输送机～4号输送机启动是否正常			
2	1号输送机～4号输送机运行是否按照50 r/min的速度运行			
3	1号输送机～4号输送机停止是否正常			
4	料斗是否正常			
5	犁煤器运行是否正常			

续表

序号	内容	验收结果	备注
6	输送机整机调试是否正常		
7	输送机运行是否无异常声响		
8	安全装置是否齐全可靠		
9	检验员是否能够独立操作使用该输送线		
10	工作现场是否已按6S整理		
11	工作资料是否已整理完毕		

验收结论：

验收结果	操作者自检结果： 　　□合格　□不合格 签名： 　　　　　　　　年　月　日	检验员检验结果： 　　□合格　□不合格 签名： 　　　　　　　　年　月　日

终于完成任务了，好开心呀！

我们进步很大呀，来总结一下我们学到了什么？

工作小结

_____

_____

_____　　我们完成这项任务

_____　　后学到的知识、技

_____　　　　能和素质！

_____

我们还有这些地方　_____

做得不够好，我们　_____

　　要继续努力！　_____

_____

学习任务五

恒压供水控制系统的安装与调试

随着城市人口密度增大，高层建筑的兴建，早期的水塔供水系统（外观结构如图5-1所示，其系统原理如图5-2所示）已不能满足人们日益提高的生活水平。单靠水厂增加水压来供水很容易导致管道压力过大而破裂，在夏天晚上用水高峰经常会因水压不足而出现家里没水的情况；过去采用楼顶储水池储水、水塔储水的方法一度流行，但是此方法对抽水水泵扬程要求高，水锤效应对管道和阀门的冲击损坏较大。

图5-1 水塔外观结构

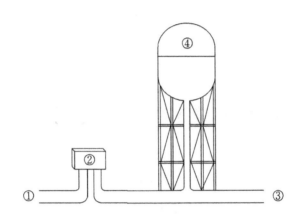

①来自处理厂；②抽水机；③送往主送水管和用户；④水塔

图5-2 水塔供水流程图

为此人们提出了"二次供水"的措施，在生活小区采用恒压供水彻底解决用水问题，在工业生产中也经常使用恒压供水来节省能源消耗，加强冷却装置的循环效率以及稳定反应装置对水的需求。

因此恒压供水系统解决了低水压，使整个建筑屋内的供水保持压力恒定，并且避免了水箱供水方式造成的水污染源头，减小了建筑成本，增大了空间面积，其结构简单、成本降低、节能、省占地面积，其结构系统如图5-3所示。

恒压供水系统是保持压力恒定，当用水需求量大时自动加大水压，相反用水需求少时自动降低水压，恒压供水系统是以PLC（可编程控制器）为中心的智能控制系统发挥着重要作用，同时引入变频器技术，可以大大节约电能并且可以实现恒压供水。

恒压供水系统的主要设备包括储水罐、泵机组、智能变频控制柜、压力传感器、槽钢底座、进水口、出水口、止回阀、真空抑制器等九大部分组成，如图5-4所示。

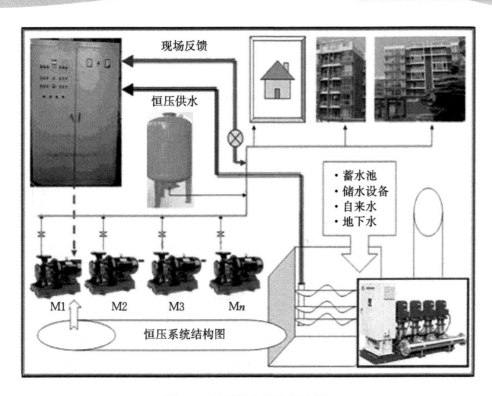

图5-3　恒压供水系统结构图

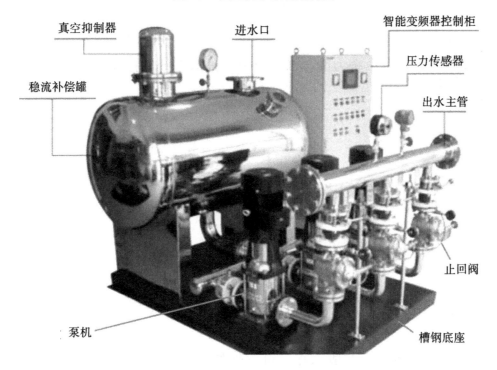

图5-4　恒压供水系统的结构图

通过PLC控制变频器的输出频率从而自动调节水泵电机的转速，实现管网水压的闭环调节（PID），使供水系统自动恒稳于设定的压力值，即用水量增加时，频率升高，水泵转速加快，供水量相应增大；用水量减少时，频率降低，水泵转速减慢，供水量亦相应减小，这样就保证了供水效率用户对水压和水量的要求，同时达到了提高供水品质和供

水效率的目的，即"用多少水，供多少水"。

让我们看一下恒压供水系统的组织框图，他们之间的控制关系如图5-5所示。

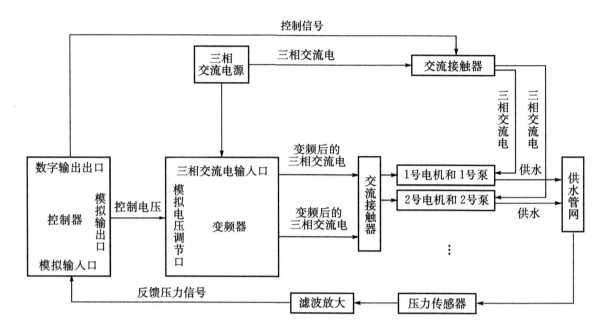

图5-5　恒压供水的结构框图

恒压供水系统，在工业和生活中应用得比较广泛、比较经典。下面我们以学校恒压供水系统和小区恒压供水系统为例，来学习恒压供水系统的控制原理以及安装、调试的方法和步骤。

项目1　学校恒压供水控制系统的安装与调试

我们先来分析任务吧！

某学校因原供水系统存在成本高、可靠性低、水资源浪费、管网系统待完善的问题，学校根据用水时间集中，用水量变化较大的特点，提出利用恒压供水系统进行控制，根据管网的压力，通过变频器控制水泵的转速，使水管中的压力始终保持在合适的范围，从而可以解决因楼层高导致压力不足及小流量时能耗大的问题。设计部门已设计完成电气控制原理图，现要求电气维修部门在4天之内对电气控制系统进行安装和调试，完工后交部门验收。

接受任务

这是上级部门给我们的工作任务单！

表5-1　学校恒压供水控制系统安装与调试的工作任务单

工作地点		工　　时	32 h	任务接受部门	电气维修部门
下发部门	设计部门	下发时间		完　成　时　间	
学校恒压供水控制系统安装与调试的工作内容					备注
完成学校恒压供水系统模型电气控制系统的安装与调试，完工后交部门验收，并提供相关资料。具体工作如下： （1）根据学校恒压供水系统的电气原理图，绘制电器布局图和电气接线图。 （2）编写学校恒压供水系统的PLC程序。 （3）根据电器布局图和电气接线图安装电路。 （4）完成电气控制系统的调试运行，以满足系统的控制要求。 （5）提供相关资料。					
学校恒压供水控制系统安装与调试的功能					备注
该学校恒压供水系统设在蓄水池边，蓄水池可存储500 L水。系统具有恒定水管压力，根据用户投入的多少由变频器来改变水泵的出水量，泵组全部投入使用时最多可供水10 m³/h，这样通过变频器改变水泵的转速，来增加或者减少水管内压力值，实现恒压供水的过程，学校恒压供水系统的结构简图如图5-6所示。 图5-6　学校恒压供水系统的结构简图					

续表

学校恒压供水控制系统安装与调试的控制要求	备注
该系统由一台控制器和一台变频器配合来控制两台水泵的起、停。上电时系统由变频器实现软起动1号泵变频运行。如变频器的输出频率上升到50 Hz，输出管水压还达不到设定值，则延时将1号泵切换为工频。变频器则再软起动2号水泵运转，直到输出管水压达到设定值为止。 　　系统紧急停止： 　　在控制柜旁设置紧急停止按钮，遇突发情况时，拍击红色蘑菇头开关，使整个系统立即停止运行，并发出声光警示。	

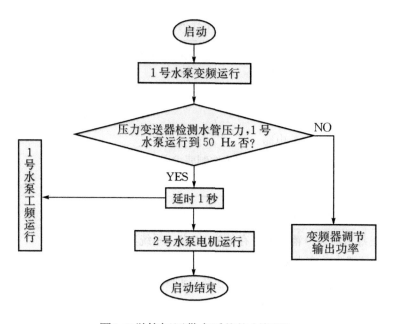

图5-7 学校恒压供水系统控制框图

序号	学校恒压供水控制系统安装与调试的技术参数	数量
1	水泵电机：设计出水量5 m³/h，速度为1400 r/min（建议选用QX10-18-1.1）	2台
2	控制装置：可编程控制器控制（建议选用三菱FX2N系列）	1个
3	驱动装置：变频器（建议选用三菱A540变频器）	1个
4	检测装置：压力变送器（建议选用HM20-G1-A1）	1个

工作任务单看完了，你知道我们下一步要干什么吗？

我们应该再多了解一些供水方面的知识。

相关知识学

一、认识学校恒压供水系统

学校恒压供水系统是什么呢？让我们来认识一下吧！

学校恒压供水系统的组成

学校恒压供水系统结构图如图5-8所示，适用于生活水以及消防等多种场合的供水。

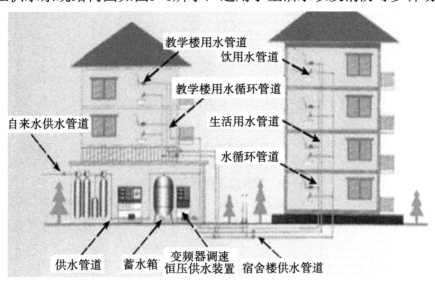

图5-8　学校恒压供水结构图

学校恒压供水控制系统的组成由执行机构、信号检测、控制系统、内置PID变频器、压力变送器等部分组成。

学校恒压供水系统的原理

让我们看一下它的工作原理图吧，如图5-9所示。

工作流程

自来水厂→Y型过滤器（过滤）→稳流调节器（调节输出量）→排污阀（进行排污）→水泵→电磁阀→压力表→出水阀→用户→止回阀（防止水管内的水倒流）

　↓　　　　　↓

变频器　　数值传送给变频器

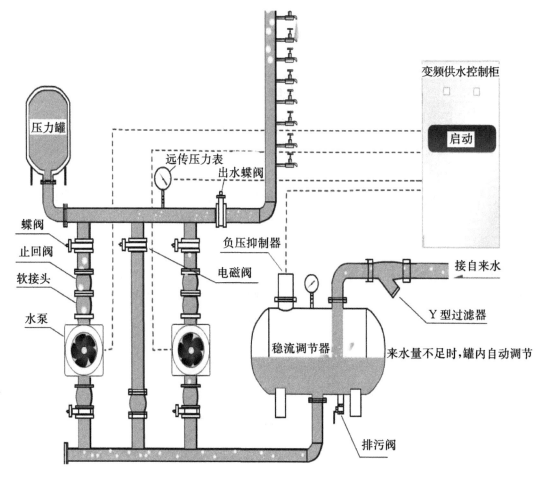

图5-9　学校恒压供水工作原理图

知识链接

想了解更多恒压供水系统的知识，请浏览网址：

http：// wenku.baidu.com/view/ee902ac689eb172ded63b7b9.html 恒压供水控制系统设计

http：// wenku.baidu.com/view/66c4fd4b852458fb770b5610.html 变频供水设备

我已经明白系统的原理了，但是我还是对怎么来测量水管的压力感到不解！

让我告诉你用什么吧——压力变送器！

二、认识压力变送器

压力变送器的定义

它能将测压元件传感器感受到的气体、液体等物理压力参数转变成标准的电信号（如4~20ADC等），以供给指示报警仪、记录仪、调节器等二次仪表进行测量、指示和过程调节，如图5-10所示。

主要作用：把压力信号传到电子设备，进而在计算机上显示压力。其原理大致是：如将水压这种压力的力学信号转变成电压或电流（一般是0~5 V或者4~20 mA）这样的电子信号，压力和电压或电流大小成线性关系，一般是正比关系，所以变送器输出的电压或电流随压力增大而增大。

图5-10　压力变送器的示意图

压力变送器的检测指标

我们在安装压力变送器时需要检定的指标如表5-2所示。

表中"+"表示应检定，"—"表示可不检定，"／"表示无此项目。

表5-2　压力变送器的检验指标

检定项目	检定类别					
	电动			气动		
	新建造	修理后	使用中	新建造	修理后	使用中
外观	+	+	+	+	+	+
密封性	+	+	+	+	+	+
基本误差	+	+	+	+	+	+

续表

检定项目	检定类别					
	电动			气动		
	新建造	修理后	使用中	新建造	修理后	使用中
回程误差	+	+	+	+	+	+
静压影响	+	+	—	+	+	—
输出开路影响	+	+	—	/	/	/
输出交流分量	+	+	—	/	/	/
绝缘电阻	+	+	+	/	/	/
绝缘强度	+	/	—	/	/	/

压力变送器的分类

压力变送器按接线方式可分为：二线制、三线制、四线制。图5-11是二线制压力变送器的接线图。

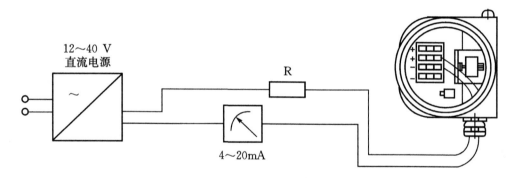

图5-11　二线制压力变送器的接线图

知识链接

关于压力变送器的原理、特点以及三线制、四线制的接线方式请访问网址：

http://wenku.baidu.com/album/view/b2cb07f5f61fb7360b4c6509?fr=hittag&album=title&tag_type=1 压力变送器的原理、特点、接线方式等知识的介绍

压力变送器数值传送已经传到系统里了。但是水泵的输出很不稳定呀！我该怎么办呢？

你用PID调节器试试吧！

三、认识PID调节器原理和特点

PLC是利用其闭环控制模块来实现PID控制以实现压力、温度、流量、液位的控制器，从而用来稳定系统。

PID控制的原理和特点

图5-12 PID调节器

1. PID控制的原理

在工程实际中，应用最为广泛的调节器控制规律为比例、积分、微分控制，简称PID控制，又称PID调节。PID控制器问世至今已有近70年历史，它以其结构简单、稳定性好、工作可靠、调整方便而成为工业控制的主要技术之一。

PID控制如图5-12所示，PID控制实际中也有PI和PD控制。PID控制器就是根据系统的误差，利用比例、积分、微分计算出控制量进行控制的。PID调节器的内部原理图如图5-13所示。

比例（P）控制：比例运算是指输出控制量与偏差的比例关系，仪表比例参数的设定值越大，控制的灵敏度越高。

积分（I）控制：积分运算的目的是消除静差。只要有偏差存在，积分作用将控制量向使偏差消除的方向移动，积分时间是表示积分作用强度的单位、仪表设定的积分时间越短，积分作用越强。

微分（D）控制：是为了消除其缺点而补充的，微分作用根据偏差产生的速度对输出量进行修正，使控制过程尽快回到原来的控制状态，微分时间是表示微分作用强度的单位，仪表设定的微分时间越长，则以微分作用进行的修正越强。

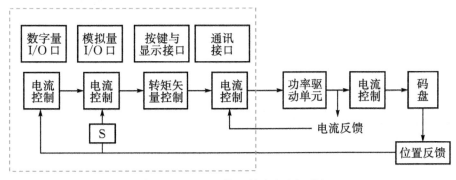

图5-13　PID调节器的内部原理图

2. PID参数的设定方法

设定PID参数的方法一般有两种：一种是计算法，另外一种是式凑法。

我们经常采用PID参数设定是靠经验及工艺的熟悉，参考测量值跟踪与设定值曲线，从而调整P、I、D的大小。

你是不是对PID调节器这种神奇的东西产生了兴趣呢？

让我们来访问如下链接：

http：// blog.sina.com.cn/s/blog_a33a768801014a8l.html 变频器PID控制的参数整定经验

PID的知识很重要，让我们共同学习一下。

四、认识变频器内置PID调节器

目前交流电动机变频调速技术的迅速发展，它以调速精度高，保护功能完善，在各个领域得到了广泛的应用，是国内外公认的最有前途的调速方式。变频调速恒压供水设备以其节能、安全、高品质的供水质量等优点，在实际应用中得到了很大的发展。随着电力电子技术的发展，变频器的功能也越来越强。充分利用变频器内置各种功能，对合理设计变频调速恒压供水设备，降低成本，保证产品质量等方面有着非常重要的意义。

内置PID调节器的变频器操作方式与普通变频器的操作一样。

请参考学习任务二的项目2变频器的使用方法。

内置PID调节器的变频器

其意义是将PID调节器和简易PLC的功能都综合进变频器内，形成了带有各种应用宏的新型变频器，这类变频器的价格仅比通用变频器略高一些，但功能很强。工作结构如图5-14所示。

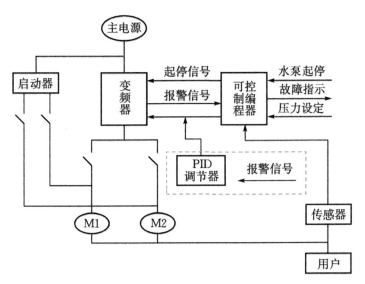

图5-14　内置PID变频器的结构原理图

变频器PID的功能

1. PID功能

当变频器的PID调节功能有效后，其升、降速过程将完全取决于由P、I、D数据所决定的动态响应过程，而原来预置的"升速时间"和"降速时间"将不再起作用。

2. 目标值XT

PID调节的根本依据是反馈量XF与目标值XT之间进行比较的结果。因此，准确地预置目标值XT是十分重要的。主要有以下两种方法：第一种：面板输入式。只需通过键盘输入目标值XT。其确定方法通常是：目标压力与传感器量程之比的百分数。例如，某供水系统要求的压力（目标压力）为2 MPa，所用压力表的量程是0～5 MPa时，则目标值为40%。第二种：外接给定式。由外接电位器进行预置，但显示屏上仍显示目标值的百分数。在此例中选用第一种方法，此法易懂、操作简单、直观。

恒压供水怎么能保证恒压的呢？

让我们赶快做做看吧！

制定工作计划和方案

先了解一下工作流程吧！

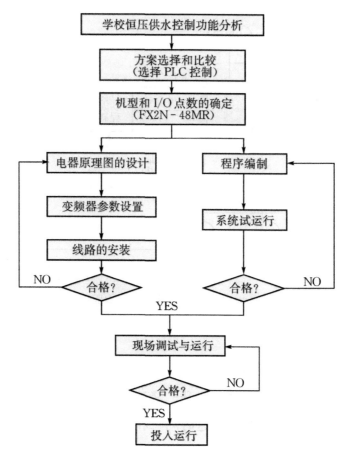

图5-15 学校恒压供水系统安装和调试流程图

有了上面的流程图做参考，我们来制定工作计划吧，并填入到表5-3中。

表5-3 学校恒压供水控制系统安装和调试计划表

工作阶段	工作内容	工作周期	备注

检查下工具缺少没，工具要准备齐全哦！

装配用工具、仪器配备清单填入表5-4中。

表5-4 装配用工具、仪器配备清单

编号	工具名称	规格	数量	主要作用
1				
2				
3				
4				
...				

可以干活了么？

开始吧！

任务实施

步骤一 识读学校恒压供水电气控制系统原理图

1.确定PLC的输入和输出地址分配表

要确定输入和输出元件哦。

根据温馨提示填写输入和输出地址分配表见表5-5。

本任务中的传感器信号、变频器输入端、启动按钮、停止按钮、急停按钮等均可作为输入信号；警示灯、接触器等均可作为输出信号。

表5-5　PLC的输入和输出地址分配表

序号	输入			输出		
	输入信号	PLC输入地址	作用	输出信号	PLC输出地址	作用
1						
2						
3						
4						
...						

2.识读电气控制系统原理图

根据控制要求和PLC的输入/输出地址分配表，识读电气控制原理图。

温馨提示

　　我们在识读学校恒压供水系统电气原理图的时候应该注意：SA为手动/自动选择开关，当SA打在"1"的位置时为手动状态，打在"2"的位置时为自动状态。手动时按下按钮SB1~SB4，可以控制两台水泵的启/停和电磁阀的通断，两台水泵只能在工频下运转。当自动运行时，系统在PLC程序控制下运行，设置HL为自动运行状态电源指示灯。

主电路、控制电路已经给出，我们在识读时要配合读图。

学校恒压供水系统的主电路图与控制电路图见附录一图F-9、图F-10。

 **步骤二 编制学校恒压供水系统控制程序**

1.编制控制程序

温馨提示

　　恒压供水系统的工作过程主要是水泵的启动和停止，外加变频器的切换改变一个电机的频率动作，依靠压力变送器依次触发，形成顺启逆停的过程。

我们先来复习用到的重要指令吧！

在这里我们需要了解一下可以用哪些指令完成如传送指令、比较指令，以及一些常用的基本指令。

思考一下吧：

（1）指令LD>=的含义是_____。

（2）指令MOVP与指令MOV的区别是_____。

让我们看一下学校恒压供水系统控制程序编程参考流程图，如图5-16所示。

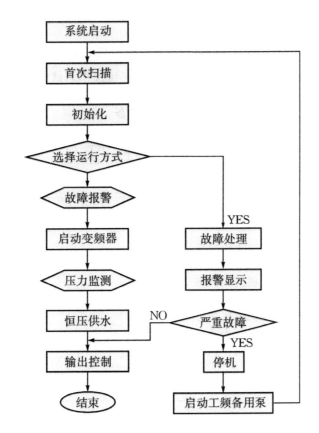

图5-16　学校恒压供水控制程序编程参考流程图

依据以上的提示，让我们来绘制梯形图吧！

梯形图:

2.模拟调试

将程序下载到PLC中，进行模拟调试，这一步很重要。请将调试的结果填入表5-6中！

表5-6　学校恒压供水电气控制系统模拟调试记录表

启动输入信号	负载名称	状态		原因分析	解决方法
		ON	OFF		
按下启动按钮	1号水泵机工作状态				
水管压力值减小	1号水泵机工作状态				
水管压力值持续减小时	2号水泵机工作状态				
水管压力值平稳时	2号水泵机工作状态				
水管压力值增大时	2号水泵机工作状态				
水管压力值平稳时	1号水泵机工作状态				
…					

步骤三 绘制学校恒压供水电气控制系统电器布局图

从本任务的主电路看出，供水系统的主电路控制比较简单，我们在绘制布局图时只需要考虑控制电路PLC、变频器的安装位置即可，其余要求我们只需要遵循电气控制系统布局图的绘制原则进行元件的合理布局就可以了。

我们恒压供水系统主要需要：PLC、变频器、开关、接触器、相序保护继电器等。

给出相应的元件怎么布局好看呢？

下面我们给出某恒压供水系统的电器布局图如图5-17所示。

图5-17　某恒压供水布局图

请根据上面所给出的参考图在下面的图框中来绘制学校恒压供水电气控制系统的电器布局图吧！

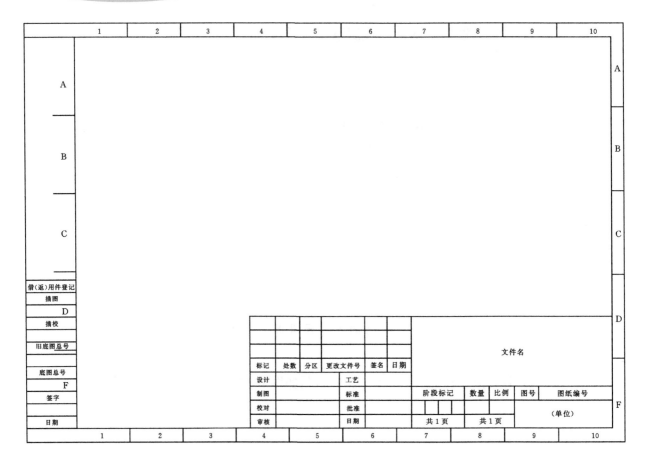

步骤四 绘制学校恒压供水电气控制系统接线图

有了原理图和布局图以及所给出的元器件，让我们来绘制接线图吧！

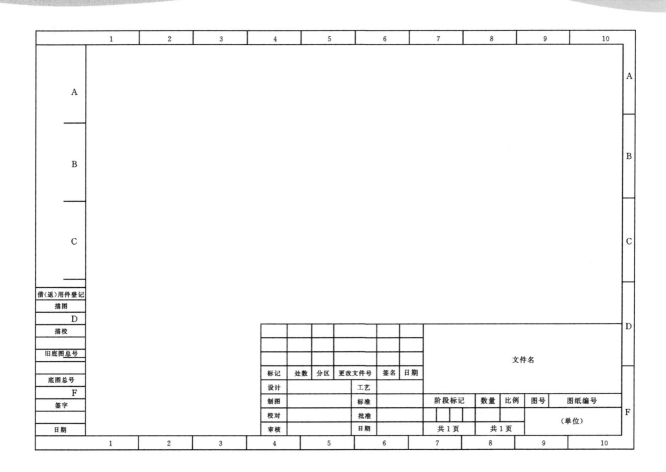

步骤五 安装学校恒压供水电气控制系统的元件

1.确定并领取元器件

 我们在领取元件的时候一定要注意检查好质量！

请在表5-7中补充填写学校恒压供水电气控制系统的元器件。

表5-7　学校恒压供水电气控制系统的元器件清单

序号	元器件名称	型号及规格	数量
1	水泵	QX10-18-1.1	2个
2	PLC	FX2N-48MR	1个
3	两相低压断路器	DZ47-60-C10	1个
4	按钮	按钮	10个

续表

序号	元器件名称	型号及规格	数量
5	变频器	三菱A540	1个
6	压力变送器	HM20-G1-A1	1个
7	接触器	CJI0Z-40／3	4个
8	相序保护继电器	JFY-704	1个
...			

材料管理员：　　　　　　　领料人：　　　　　日期：

请补充填写其他元器件！

2. 安装学校恒压供水电气控制系统的元器件

温馨提示

前面已经学习了传感器安装的技巧，对压力传感器在安装时要注意其安装的位置和深度以确保检测到正确的数值。

请按照安装步骤填写表5-8。

表5-8　学校恒压供水电气控制系统的安装步骤

序号	元器件安装步骤	安装中遇到的问题	采取的措施	备注
1				
2				
3				
4				
...				

不设置变频器的参数，系统是不稳定的，因此设置参数很重要呦！

步骤六 变频器参数设定

阅读表5-9中三菱A540变频器PID控制相关参数。

表5-9　A540变频器PID控制相关参数表

参数号	名称	设定范围	说明
127	PID自动切换频率	0~400 Hz	当变频器运行在频率控制下（如用RL、RM、RH选择速度）
		9999	无PID自动切换功能
128	PID动作选择	10（负作用） 11（正作用）	偏差信号输入端子1
		20（负作用） 21（正作用）	反馈值输入端子4，给定值输入端子2或由Pr.133设定
129	比例带	0.1~10	比例常数=1/比例带
		9999	无比例控制
130	积分时间	0.1~3600 s	积分时间大，系统稳定性好，但容易滞后；积分时间小，系统容易震荡
		9999	无积分控制
131	PID上限	0~100%	变频器输出频率达到上限值，变频器可以从一个端子输出上限到达信号
		9999	无功能
132	PID下限	0~100%	变频器输出频率达到下限值，变频器可以从一个端子输出下限到达信号
		9999	无功能
133	给定值选择	0~100%	PID控制时的给定值
		9999	端子2的电压输入作为给定值
134	微分时间	0.01~10 s	微分时间大，系统反应灵敏，但容易震荡
		9999	无微分

本任务的设定值应该是多少？填写在表5-10中。

表5-10　学校恒压供水系统变频器PID控制相关数据设置表

参数号	名称	设定值	说明
127	PID自动切换频率		当变频器运行在频率控制下（如用RL、RM、RH选择速度）
128	PID动作选择		偏差信号输入端子1
			反馈值输入端子4，给定值输入端子2或由Pr.133设定
129	比例带		比例常数=1/比例带
130	积分时间		积分时间大，系统稳定性好，但容易滞后；积分时间小，系统容易震荡
131	PID上限		变频器输出频率达到上限值，变频器可以从一个端子输出上限到达信号
132	PID下限		变频器输出频率达到下限值，变频器可以从一个端子输出下限到达信号
133	给定值选择		PID控制时的给定值
134	微分时间		微分时间大，系统反应灵敏，但容易震荡

步骤七 学校恒压供水电气控制系统的接线

现在开始进行电气控制系统的接线！把接线步骤填写在表5-11中。

温馨提示

（1）将警示灯、传感器和水泵的连线连接到接线排合适的位置。注意将动力线和信号线分开。

（2）先完成PLC输出回路的连接，再进行PLC输入回路的线路连接。

（3）完成水泵所需接触器的线路连接。

（4）最后连接各模块的电源线。

表5-11　学校恒压供水电气控制系统接线步骤

序号	接线步骤	接线中遇到的问题	采取的措施	备注
1				
2				
3				
4				
...				

步骤八　学校恒压供水电气控制系统通电前的检查

　　为了保证恒压供水电气控制系统正常工作，第一次调试之前都要进行通电前检查！

请在表5-12中填写学校恒压供水电气控制系统通电前检查的记录。

表5-12　学校恒压供水电气控制系统通电前检查结果记录表

序号	检查部位	工艺检查		检测结果（状态）			异常处理措施
		合格	不合格	通路	断路	短路	
1	泵组主电路						
2	变频器回路						
3	PLC输入端信号回路						
4	PLC输出供电回路						

步骤九　学校恒压供水电气控制系统调试与验收

1.通电调试

⚠ 安全提示：

在给水泵系统通电运行过程中，要严格遵守用电安全规程，要保证水泵系统接线正确，拒绝反转。

在检查电路连接满足工艺要求，按以下步骤逐项进行通电调试，注意调试的顺序，并把结果填入表5-13中。

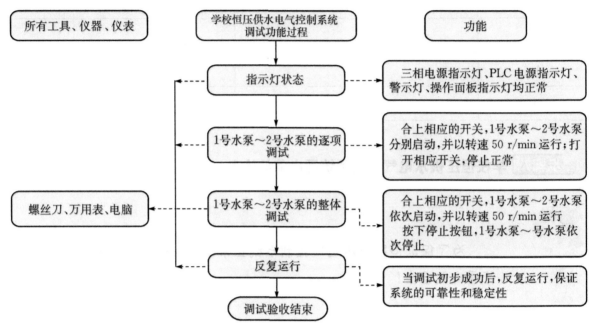

图5-18 学校恒压供水电气控制系统通电调试步骤流程图

表5-13 学校恒压供水电气控制系统调试结果记录表

序号	输入信号	检测项目	检测结果状态		故障原因	故障排除
			正常	故障		
1	系统的启动信号	操作箱的电源指示灯				
		1号水泵				
		2号水泵				
2	变频器的输入信号	变频器端子2、4反馈信号				
3	压力变送器	信号转换				
4	急停按钮	水泵机组				

2.现场管理

工作中，记得要按照6S的要求对现场进行管理哦！要做到表5-14的要求！

表5-14　现场管理情况

名称＼要求	整理	整顿	清扫	清洁	安全
设备					
工具					
工作场地					

注：完成的项目打√，没有完成的打×。

3.技术文件整理

现在我们对技术文件进行整理！请按表5-15的要求整理资料。

表5-15　技术文件整理情况

名称＼内容	资料所包括内容
项目前期资料收集	
项目中期资料汇总	
项目开发设计过程记录	
项目资料整理	
项目资料上交	

4.验收交付

收工了！来进行验收吧！验收单如表5-16所示！

表5-16　学校恒压供水控制系统的安装与调试交付验收单

设备交付验收单			
验收部门		验收日期	
设备名称	学校恒压供水控制系统		
验收情况			
序号	内容	验收结果	备注
1	水泵机组运行启动\停止是否正常		
2	变频器PID系统参数设置是否正确		
3	水泵输出频率是否稳定		
4	压力变送器输出结果是否正常		
5	电气控制系统运行是否可靠		
6	操作员能否独立进行对设备的操作		
7	安全装置是否齐全可靠		
8	工作现场是否已按6S整理		
9	工作资料是否已整理完毕		
验收结论：			
验 收 结 果	操作者自检结果： 　　□合格　□不合格 签名： 　　　　　　　　　年　月　日		检验员检验结果： 　　□合格　□不合格 签名： 　　　　　　　　　年　月　日

做完了还是比较成功的！

我们进步了多少呢？让我们对这段时间的学习做个总结吧！

工作小结

我们完成这项任务后学到的知识、技能和素质！

我们还有这些地方做得不够好，我们要继续努力！

项目2 小区恒压供水控制系统的安装与调试

我们来看看任务是什么！

　　某小区物业供水系统如图5-19所示，供水管道流程如图5-20所示，该小区物业供水系统有3台水泵，现有新住宅落成建筑高度18 m，由于小区供水系统是用水塔供水已经不能满足需求，现经过领导决定对整个小区供水系统进行重新设计安装，来满足新住宅的生活用水的需求。现将项目公开招标，某公司中标，公司的设计部门已经将电气控制原理图设计完成，现要求电气维修部门在4天之内对电气控制系统进行安装和调试，完工后交物业公司验收。

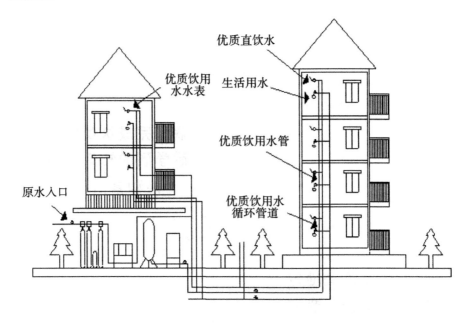

图5-19　小区恒压供水系统图

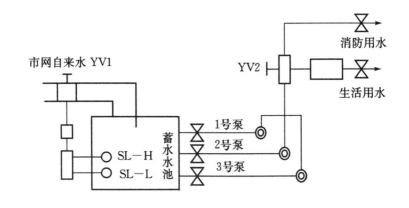

图5-20　小区恒压供水系统管道流程图

接受任务

这个任务不简单，我们要好好地研读任务单！

表5-17　小区恒压供水控制系统安装与调试的工作任务单

工作地点		工　　时	32 h	任务接受部门	电气维修部门
下发部门	设计部门	下发时间		完　成　时　间	

小区恒压供水控制系统安装与调试的工作内容	备注
完成小区恒压供水系统的模型电气控制系统的安装与调试，完工后交部门验收，并提供相关资料。具体工作如下： （1）根据小区恒压供水系统的电气原理图，绘制电器布局图和电气接线图。 （2）编写小区恒压供水系统的PLC程序。 （3）根据电器布局图和电器接线图安装电路。 （4）完成电气控制系统的调试运行，以满足系统的控制要求。 （5）提供相关资料。	

小区恒压供水控制系统安装与调试的功能

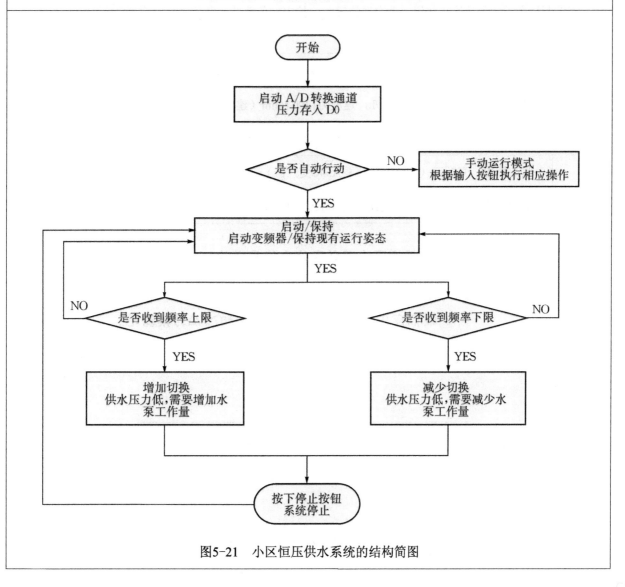

图5-21　小区恒压供水系统的结构简图

续表

该系统可以把罐压力作为控制对象，A/D转换器将储气罐的压力转变为电信号送给PID智能调节器与压力设定值作比较，并根据差值的大小按既定的PID控制模式进行运算，产生控制信号送变频调速器VVVF，通过变频器控制电机的工作频率与转速，从而使实际压力P始终接近设定压力P0。小区恒压供水系统的流程如图5-21所示。

小区恒压供水控制系统安装与调试的控制要求	备注
（1）恒压供水系统的启动和停止： 　　该系统上电时由变频器控制软起动 1 号泵变频运行。系统判断1号水泵是否达到上限或下限，若达到上限供水压力低，则将 1 号泵切换为工频。变频器则再软起动 2 号水泵变频运转，系统判断2号水泵是否达到上限或下限，如达到下限供水压力高，需要减少水泵数量，如达到上限供水压力低，则将2号泵切换为工频。变频器则再软起动3号水泵变频运转，直到输出母管水压达到设定值为止。 　　（2）系统紧急停止： 　　在控制柜旁设置紧急停止按钮，遇突发情况时，拍击红色蘑菇头开关，使整个系统立即停止运行，并有声光警示。	

序号	小区恒压供水控制系统安装与调试的技术参数	数量
1	水泵电机：设计出水量60 m³/h，速度为1400 r/min（建议选用QX10-18-1.1）	3台
2	控制装置：可编程控制器控制（建议选用三菱FX2N系列）	1个
3	驱动装置：变频器（建议选用三菱A540变频器）	1个
4	检测装置：压力变送器（建议选用HM20-G1-A1）	1个

我们如何把罐压力值转变为电信号送给PID智能调节器与压力设定值作比较的？

我们应先了解一下什么是A/D和D/A转换器吧。

相关知识学习

一、认识A/D和D/A转换器

A/D和D/A转换器是做什么的呢？

什么是A/D和D/A转换器

随着数字电子技术的发展，用数字电路处理模拟信号的需求越来越多。用数字电路来处理模拟量，必须先将模拟信号转换成数字信号后才能进行处理。将模拟信号转换成数字信号，称为模/数转换，简称为A/D（analog to digital）转换。模拟量变换成数字信号后，经过数字电路输出时，通常又需要将数字信号转换成为模拟量，以便于驱动仪表或电机运转等。将数字信号转换成模拟信号称为数/模转换，简称为D/A（digital to analog）转换。

因此，A/D、D/A 是数字电路与外部设备连接的重要接口电路，是许多数字系统中常用的部件。如图5-22和图5-23所示。

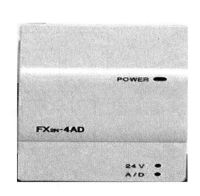

图5-22　西门子系列A/D转换器　　　　图5-23　三菱系列A/D转换器

A/D转换器的接线方式及原理框图

FX2N-4A/D外部接线如图5-24所示。图中模拟量信号采用双绞屏蔽电缆输入FX2N-4A/D中，电缆应远离电源线或其他可能产生电气干扰的导线。如果输入电压有波动，或在外部接线中有电气干扰，可以接一个0.1～0.47μF的平滑电容。FX2N-4A/D的4个输入通道（CH1～CH4）通过输入端子接线，可以选择为电压输入或电流输入。如果是电流输入，应将端子V+和I+连接。FX2N-4A/D接地端应与PLC主单位接地端连接，如果存在过多的电气干扰，还应将外壳地端FG和FX2N-4A/D接地端连接。

在A/D转换过程中，输入的是时间上、幅值上都是连续的模拟量，而输出的则是时间上，幅值上均离散的数字量，因此，要把模拟量转换成数字量时需经采样、保持、量化、编码四个步骤。A/D转换原理框图如图5-25所示。

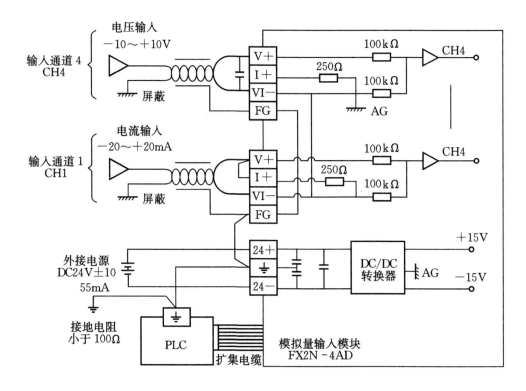

图5-24　FX2N-4AD外部接线图

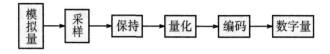

图5-25　A/D转换原理框图

D/A转换器的接线图及原理框图

　　FX2N-4D/A的外部接线如图5-26所示,方法同A/D转换器。FX2N-4D/A接地端应与PLC主单元接地端连接;双绞屏蔽电缆应在负载端使用单点接地。

　　在D/A转换过程中,输入的是幅值上均离散的数字量,输出的是时间上、幅值上都是连续的模拟量,因此,要把数字量转换成模拟量时需经控制对象、检测对象、A/D转换、数字系统、D/A转换、执行机构六个步骤。D/A转换原理框图如图5-27所示。

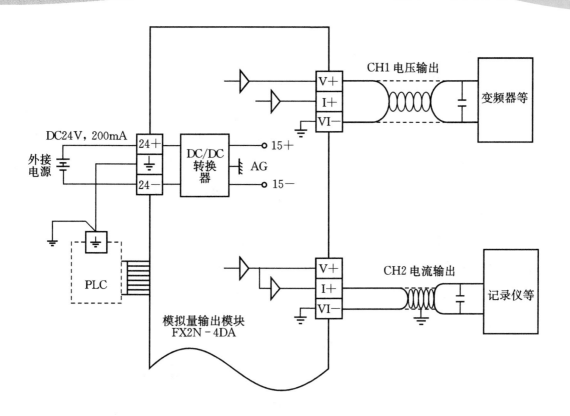

图5-26　FX2N-4DA外部接线图

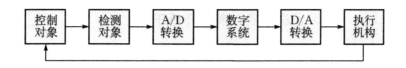

图5-27　D/A转换的原理框图

我们了解A/D和D/A转换器的原理了。还有什么要知道的呢？

接下来让我们了解一下它的性能指标吧。

认识A/D和D/A的性能指标

（1）分辨率。

分辨率指数字量变化一个最小量时模拟信号的变化量。分辨率又称精度，通常以数字信号的位数来表示。

（2）转换速率。

转换速率是指完成一次从模拟量转换到数字量的A/D转换所需的时间的倒数。积分型A/D的转换时间是毫秒级属低速A/D，逐次比较型A/D是微秒级属中速A/D，全并行/串并行

型A/D可达到纳秒级。采样时间则是另外一个概念，是指两次转换的间隔。为了保证转换的正确完成，采样速率必须小于或等于转换速率。因此有人习惯上将转换速率在数值上等同于采样速率也是可以接受的。常用单位是ks／s和Ms／s，表示每秒采样千/百万次。

（3）量化误差。

量化误差是由于A／D的有限分辨率而引起的误差，即有限分辨率A／D的阶梯状转移特性曲线与无限分辨率A／D（理想A／D）的转移特性曲线（直线）之间的最大偏差。通常是一个或半个最小数字量的模拟变化量，表示为1LSB、2LSB。

（4）偏移误差。

偏移误差是输入信号为零时输出信号不为零的值，可外接电位器调至最小。

（5）满刻度误差。

满刻度误差是满度输出时对应的输入信号与理想输入信号值之差。

（6）线性度。

实际转换器的转移函数与理想直线的最大偏移，不包括以上三种误差。

其他指标还有：绝对精度、相对精度、微分非线性、单调性和无错码、总谐波失真和积分非线性。

学习了这么多，我们开始干吧！

好呀！

制定工作计划和方案

根据以前所设计的项目，我们来制定计划吧！

我们在制定计划前先看一下工作流程，如图5-28所示，以方便我们更好地制定工作计划。

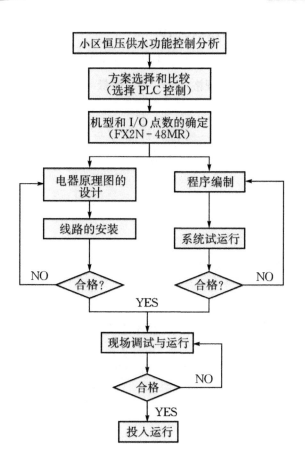

图5-28　小区恒压供水控制系统安装和调试流程图

有了上面的流程图做参考，我们来制定工作计划，并填入到表5-18中。

表5-18　小区恒压供水控制系统安装和调试工作计划表

工作阶段	工作内容	工作周期	备注

工具是干活的本钱，注意准备工具！

装配用工具、仪器配备清单填入表5-19中!

表5-19 装配用工具、仪器配备清单

编号	工具名称	规格	数量	主要作用
1				
2				
3				
4				
...				

需要的东西和以前差不多呀!

但是这个不是很好做,要用心!

任务实施

步骤一 设计小区恒压供水电气控制系统原理图

1.确定出PLC的输入和输出地址分配表

我们要分配好地址。

 温馨提示

本任务中的传感器信号、变频器输入端、启动按钮、停止按钮、急停按钮等均可作为输入信号;警示灯、接触器等均可作为输出信号。

根据温馨提示填写输入和输出地址分配表5-20。

表5-20　PLC的输入和输出地址分配表

序号	输入			输出		
	输入信号	PLC输入地址	作用	输出信号	PLC输出地址	作用
1						
2						
3						
4						
...						

2.绘制电气控制系统原理图

根据控制要求和PLC的输入/输出地址分配表，绘制电气控制原理图。

　　设置SA为手动/自动选择开关，SA打在"1"的位置时为手动状态，打在"2"的位置时为自动状态。手动时按钮SB1~SB6可以控制3台水泵的启/停和电磁阀的通断3台水泵只能在工频下运转。当自动运行时，系统在PLC程控下运行设置HL为自动运行状态，电源指示灯。根据控制要求和PLC的输入/输出地址分配表，识读电气控制原理图。

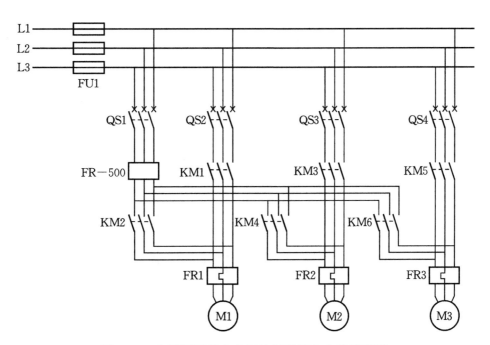

图5-29　小区恒压供水电气控制系统主电路原理图

主电路如图5-29所示，请简述1号~3号水泵的工作过程，说明：投入使用的打√，反之不投入使用的打×（工作条件：说明水泵投入原因）。把工作过程填写在表5-21中作为依据。

表5-21 水泵的工作过程表

名称	水泵工作过程表			工作条件
水泵1				
水泵2				
水泵3				

分析控制要求，才能绘制好控制电路，请在下面图框中绘制！

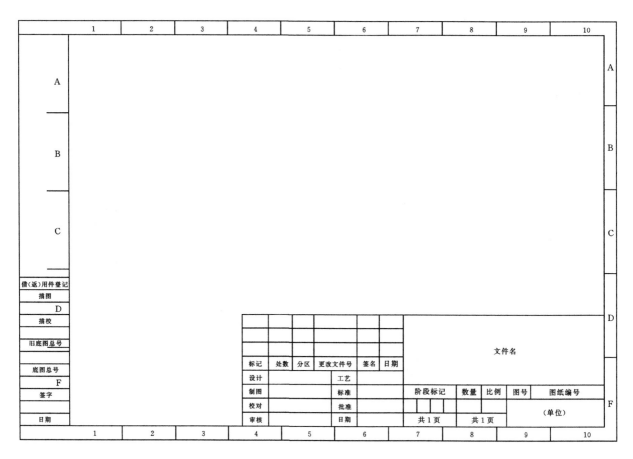

步骤二 编制小区恒压供水系统的控制程序

我们要先练习才能绘制出完美的程序哦。

FX2N-4A/D基本知识

（1）FX2N-4A/D数据处理及连接

可以将模拟量信号转换为最大分辨率为12位的数字量，并以二进制补码方式存入内部16位缓冲寄存器中，通过扩展总线与FX2N的基本单元进行数据交换。

（2）FX2N-4A/D常用指令

可编程控制器基本单元与FX2N-4A/D之间的数据通讯是由FROM/TO指令来执行的。FROM是基本单元从FX2N-4A/D读数据的指令。TO是基本单元将数据写到FX2N-4A/D的指令。实际上读写操作都是对FX2N-4A/D的缓冲寄存器BFM的操作。缓冲区由32个16位寄存器组成，编号为BFM#0~#31。

1. 绘制出跟要求相关的程序填写在表5-22中

表5-22　编写程序表

控制要求	程序绘制
0号位置模块FX2N-4A/D的BFM中识别码送入D4中	
如果D4中识别码为2010则M1=1	
H3300→BFM#0（通道初始化）CH1、CH2为电压输入，CH3、CH4关闭	
在BFM#1、BFM#2中设定CH1、CH2计算平均值的取样次数为4	
BFM#29的状态信息分别写入M25~M10中	
如果无错，则BFM#5、BFM#6的内容送到PLC基本单元的D0、D1中	

FXAN-4D/A基本知识

　　FX2N-4D/A模拟量输出模块，输出电压范围为－10 V~+10V时，分辨率为5 mV。电流范围为0~20 mA时，分辨率为20 μA。FX2N-4D/A与FX2N-4A/D的接线基本一致，在上面的内容当中已经讲过，在这里不再详细说明了。

2. 根据给出的程序填写表5-23相应的控制要求。

表5-23　程序控制图

程序的控制					实现的动作
M8000──┤├── FNC 78 FROM（模块号 K1 / BFM号 K30 / 传递地址 D4 / 传送点数 K1）					
M8000──┤├── FNC 10 CMP（K3020 / D4 / M0）					
M1──┤├── FNC 79 TO(P)（K1 / K0 / H2100 / K1）					
M1──┤├── 设置数据 (D1,D0)＝－2000～＋2000 (D3,D2)＝0～＋1000					
M1──┤├── FNC 79 DT0（K1 / K1 / D0 / K4）					
M1──┤├── FNC 79 DT0（K1 / K3 / D2 / K4）					
M1──┤├── FNC 78 FROM（K1 / K29 / K4M10 / K1）					
M1──┤├──M10─┤/├──M20─┤/├──（M3）　无错　输出值不正常					

思考一下吧：

（1）数据缓冲器BFM的定义＿＿＿＿＿＿＿＿＿＿＿＿＿＿＿＿＿＿。

（2）FX2N-4A/D的技术指标有＿＿＿＿、＿＿＿＿、＿＿＿＿、＿＿＿＿等。

（3）FX2N-4D/A的技术指标有＿＿＿＿、＿＿＿＿、＿＿＿＿、＿＿＿＿等。

转换器编程了解了那么多，我们看一下程序编写吧！

为了恒定水压，在水压降低时，需要升高变频器的输出频率，并且在一台水泵不能满足恒压需求时，需要启动第二台或第三台水泵。这样有一个判断标准来决定是否需要启动新泵，即变频器的输出频率是否达到所设定的频率上限值。

图5-30给出了小区恒压供水控制程序编程参考流程图。

梯形图：

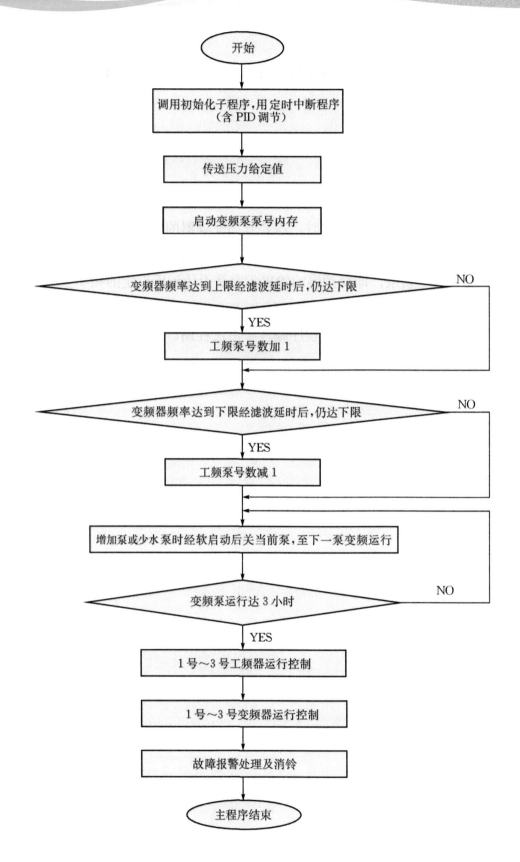

图5-30 小区恒压供水控制程序编程参考流程图

2.模拟调试

将程序下载到PLC中，进行模拟调试，这步很重要，请将调试的结果填入下表5-24中！

表5-24 小区恒压供水系统电气控制系统模拟调试记录表

启动输入信号	负载名称	状态		原因分析	解决方法
		ON	OFF		
启动按钮	1号水泵机工作状态				
水管压力值减小	1号水泵机工作状态				
水管压力值持续减小时	2号水泵机工作状态				
水管压力值平稳时	2号水泵机工作状态				
水管压力值减小时	2号水泵机工作状态				
水管压力值持续减小时	3号水泵机工作状态				
水管压力值平稳时	3号水泵机工作状态				
水管压力值增大时	3号水泵机工作状态				
水管压力值平稳时	2号水泵机工作状态				
水管压力值增大时	1号水泵机工作状态				
……					

步骤三 绘制小区恒压供水系统电气控制系统布局图

知识回顾

从本任务的主电路看出，供水系统的主电路控制比较简单，我们在绘制布局图时只需要考虑控制电路PLC的安装位置即可，要求我们只需要遵循电气控制系统布局图的绘制原则进行元件的合理布局就可以了。

右图5-31是某小区恒压供水系统的电器布局图，请参考它绘制我们的布局图吧！

图5-31　某小区恒压供水系统的电器布局图

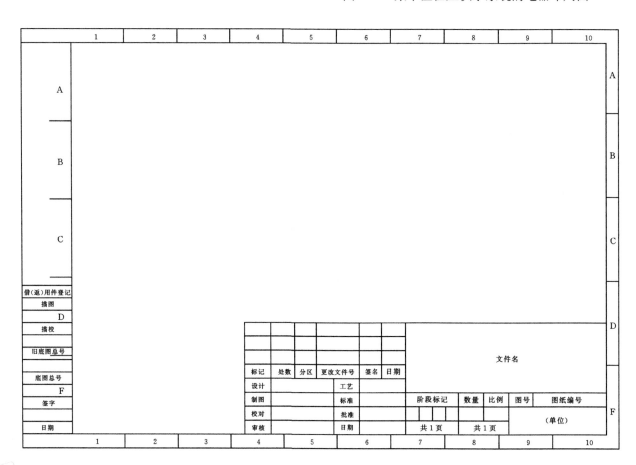

步骤四 绘制小区恒压供水系统电气控制系统接线图

请按照绘制好的布局图接线吧！

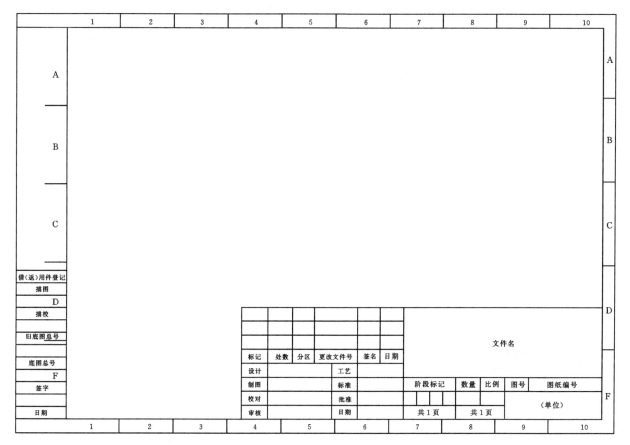

步骤五 确定小区恒压供水系统的电气控制系统元器件

1.确定并领取元器件

领取来的元器件我们应该进行先相应的检查再使用！

283

请按照表5-25中领取小区恒压供水电气控制系统的元器件。

表5-25 小区恒压供水电气控制系统的元器件清单

序号	元器件名称	型号及规格	数量
1	水泵	QX10-18-1.1	3个
2	PLC	FX2N-48MR	1个
3	两相低压断路器	DZ47-60-C10	1个
4	按钮	按钮	10个
5	变频器	三菱A540	1个
6	压力变送器	HM20-G1-A1	1个
7	A/D转换器	FX2N-4A/D	1个
8	D/A转换器	FX2N-4D/A	1个
9	接触器	CJI0Z-40/3	6个
10	相序保护继电器	JFY-704	1个
11			
...			

材料管理员： 领料人： 日期：

请补充填写其他元器件！

领取时一定要核对型号、检查元件的质量，确定是否合格。

温馨提示·

根据项目技术要求要选择PLC，而且要考虑整个小区恒压供水系统的输入点数。

2.安装小区恒压供水系统电气控制系统的元器件

请按照安装步骤填写表5-26。

表5-26　小区恒压供水电气控制系统的安装步骤

序号	元器件安装步骤	安装中遇到的问题	采取的措施	备注
1				
2				
3				
4				
…				

步骤六　小区恒压供水电气控制系统的接线

请按照接线图进行小区恒压供水电气控制系统接线，并把接线步骤填在表5-27中。

表5-27　小区恒压供水电气控制系统接线步骤

序号	接线步骤	接线中遇到的问题	采取的措施	备注
1				
2				
3				
4				
…				

步骤七　小区恒压供水控制系统通电前的检查

为了小区恒压供水电气控制系统正常工作，我们要在通电前做好相应的准备工作，以确保通电不会出现异常现象！

本任务电气控制线路通电前的检查请按照情境——通电前的检查流程进行。

请在表5-28中填写小区恒压供水电气控制系统的记录。

表5-28　小区恒压供水电气控制系统通电前检查结果记录表

序号	检查部位	工艺检查		检测结果（状态）			异常处理措施
		合格	不合格	通路	断路	短路	
1	泵组主电路						
2	变频器回路						
3	PLC输入端信号回路						
4	PLC输出供电回路						

步骤八 小区恒压供水电气控制系统调试与验收

1.通电调试

⚠️ 安全提示:

给水泵系统通电运行过程中，要严格遵守用电安全规程，保证水泵系统接线正确，拒绝反转。

检查电路连接是否满足工艺要求，并且电路连接正确，无短路故障后，可接通电源，按以下步骤进行进一步的调试！

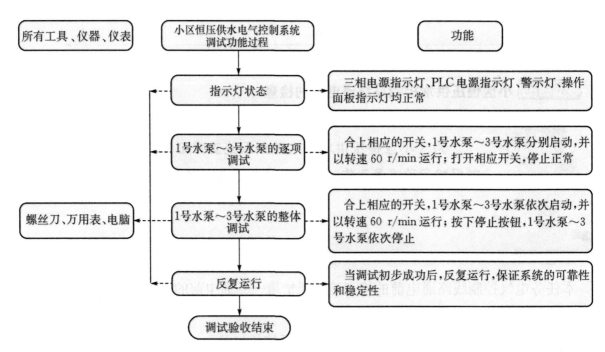

图5-32　小区恒压供水控制系统通电调试步骤流程图

表5-29　小区恒压供水系统电气控制系统调试结果记录表

序号	输入信号	检测项目		检测结果状态		故障原因	故障排除
				正常	故障		
1	系统的启动信号	操作箱的电源指示灯	状态指示正常				
		水泵1号	状态				
		水泵2号	状态				
		水泵3号	状态				
2	变频器的输入信号	变频器端子4、2反馈信号	连接正常				
3	压力变送器	信号转换	状态正常				
4	急停	水泵机组	停止				

2.现场管理

现在我们对技术文件进行整理！请按表5-30的要求整理资料。

表5-30　现场管理情况

名称 ＼ 要求	整理	整顿	清扫	清洁	安全
设备					
工具					
工作场地					

注：完成的项目打√，没有完成的打×。

3.技术文件整理

现在我们对技术文件进行整理！请按表5-31的要求整理资料。

表5-31　技术文件整理情况

名称＼内容	资料所包括内容
项目前期资料收集	
项目中期资料汇总	
项目开发设计过程记录	
项目资料整理	
项目资料上交	

4.验收交付

收工了！验收一下！验收单如表5-32所示！

表5-32　小区恒压供水控制系统的安装与调试交付验收单

设备交付验收单				
验收部门			验收日期	
设备名称	小区恒压供水控制系统			
验收情况				
序号	内容		验收结果	备注
1	水泵机组运行启动\停止是否正常			
2	变频器PID系统参数设置是否正确			
3	电气控制系统运行是否可靠			
4	A/D、D/A转换器是否可靠			
5	压力变送器检测结果是否合格			
6	安全装置是否齐全可靠			
7	操作员能否独立进行对设备的操作			
8	工作现场是否已按6S整理			
9	工作资料是否已整理完毕			

续表

验收结论：		
验收 结果	操作者自检结果： 　　　　□合格　□不合格 签名： 　　　　　　　　　年　月　日	检验员检验结果： 　　　　□合格　□不合格 签名： 　　　　　　　　　年　月　日

完成了，结果真不错！

那么对自己的工作进行一次总结吧！看看我们还有哪些不足！

工作小结

我们完成这项任务后学到的知识、技能和素质！

我们还有这些地方做得不够好，我们要继续努力！

附　录

附录一　电气控制系统原理图

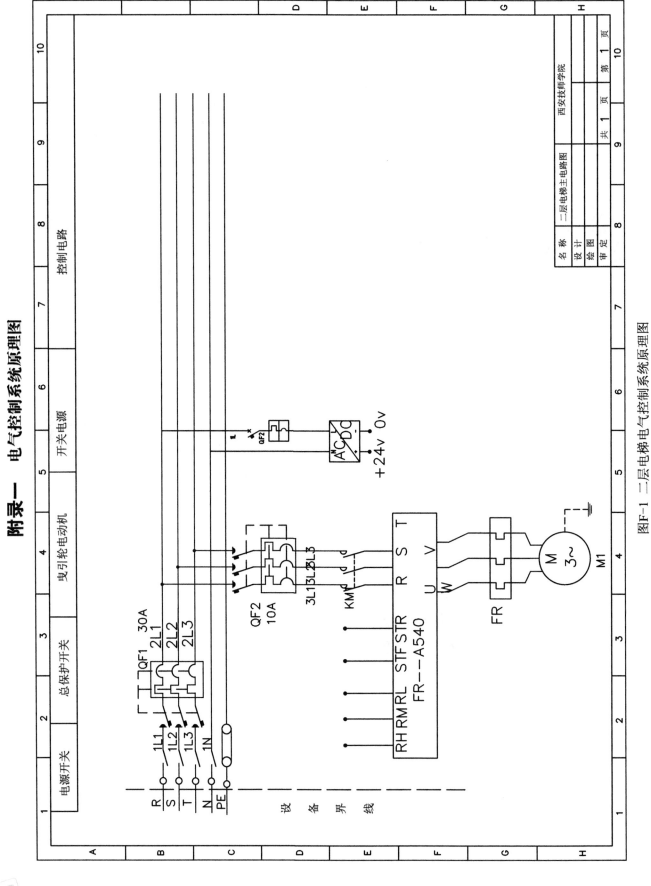

图F-1 二层电梯电气控制系统原理图

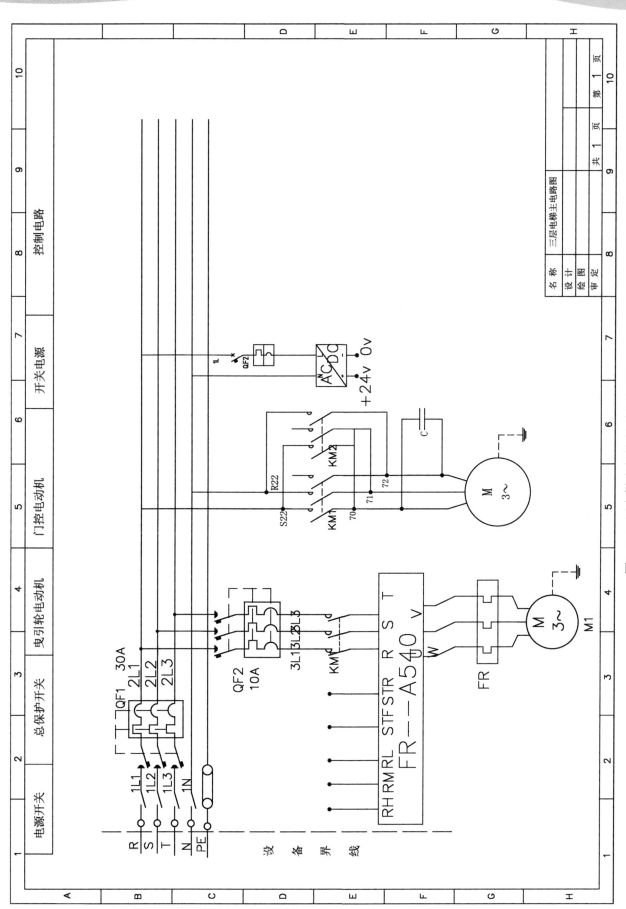

图F-2 三层电梯电气控制系统原理图

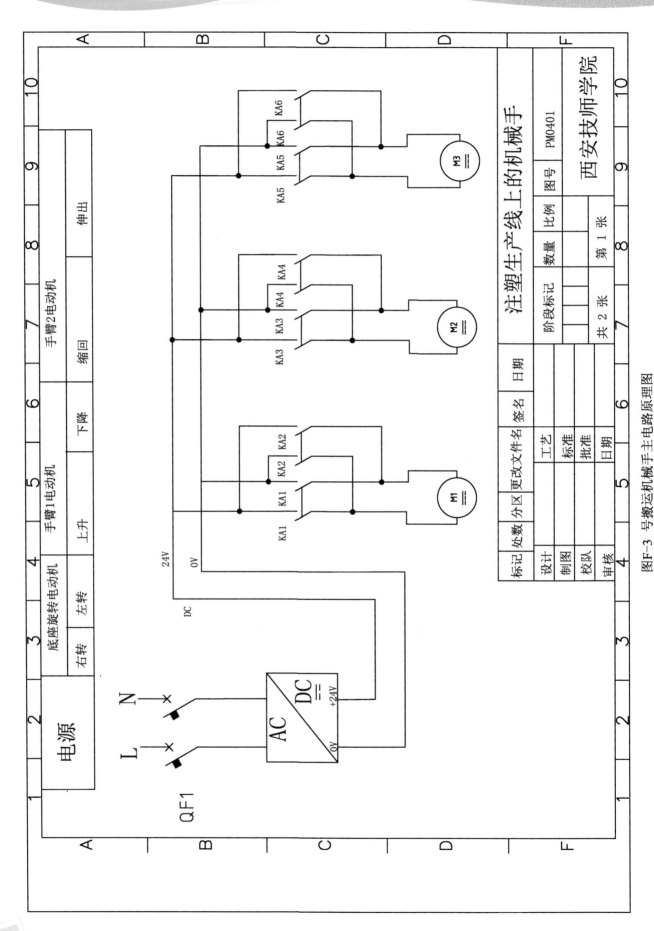

图F-3 号搬运机械手主电路原理图

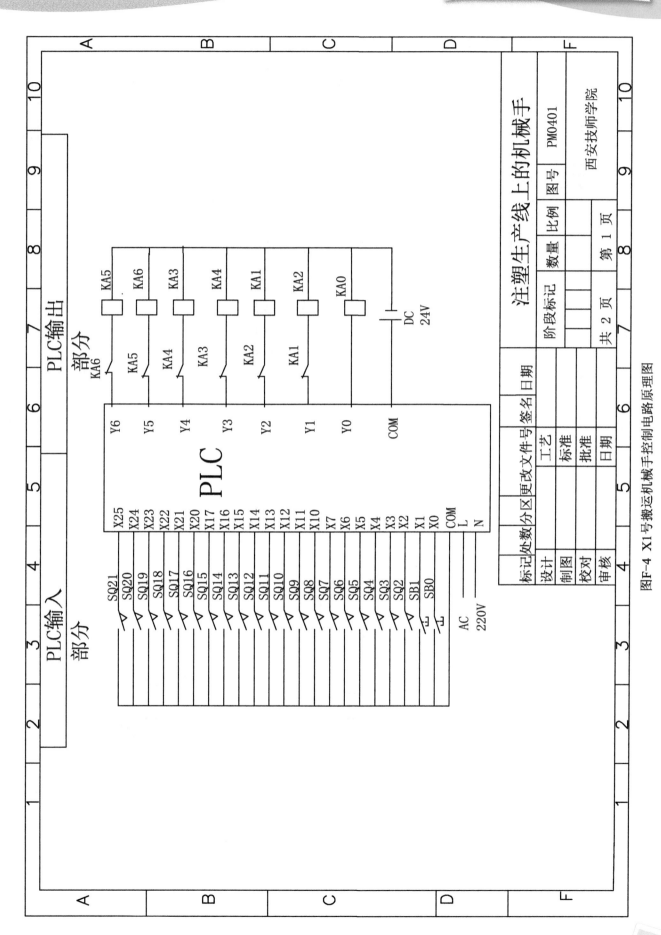

图F-4 X1号搬运机械手控制电路原理图

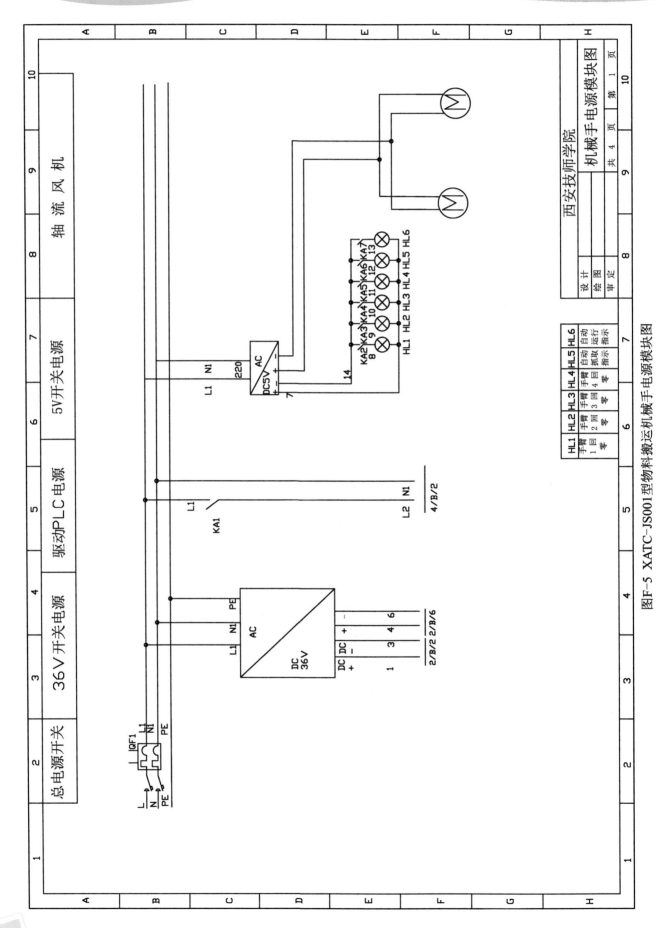

图F-5 XATC-JS001型物料搬运机械手电源模块图

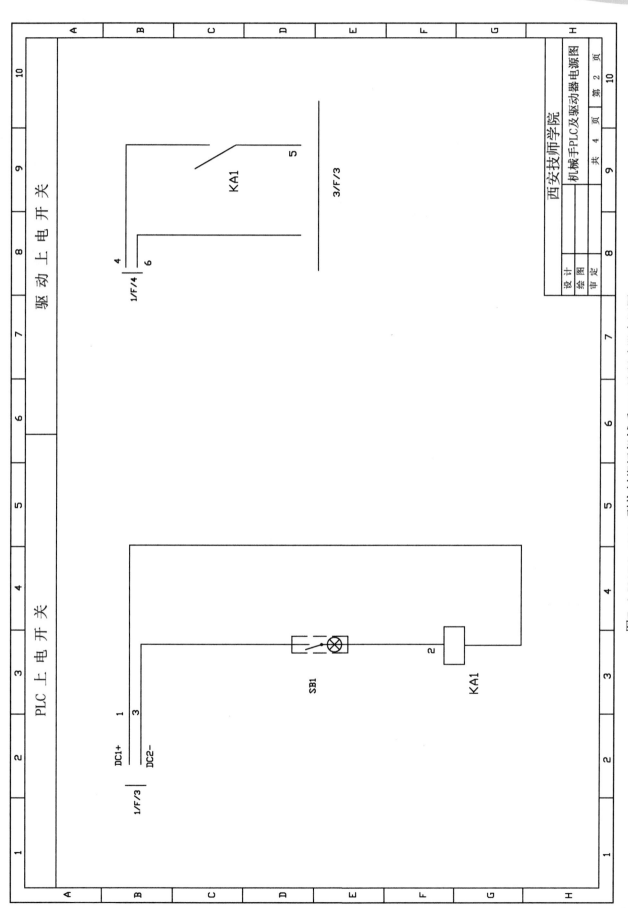

图F-6 XATC-JS001型物料搬运机械手PLC及驱动器电源图

PLC 上电开关

驱 动 上 电 开 关

DC1+
DC2−
1/F/3
1
3

SB1

KA1
2

KA1
5
3/F/3
4
6
1/F/4

西安技师学院

机械手PLC及驱动器电源图

设计
绘图
审定

共 4 页 第 2 页

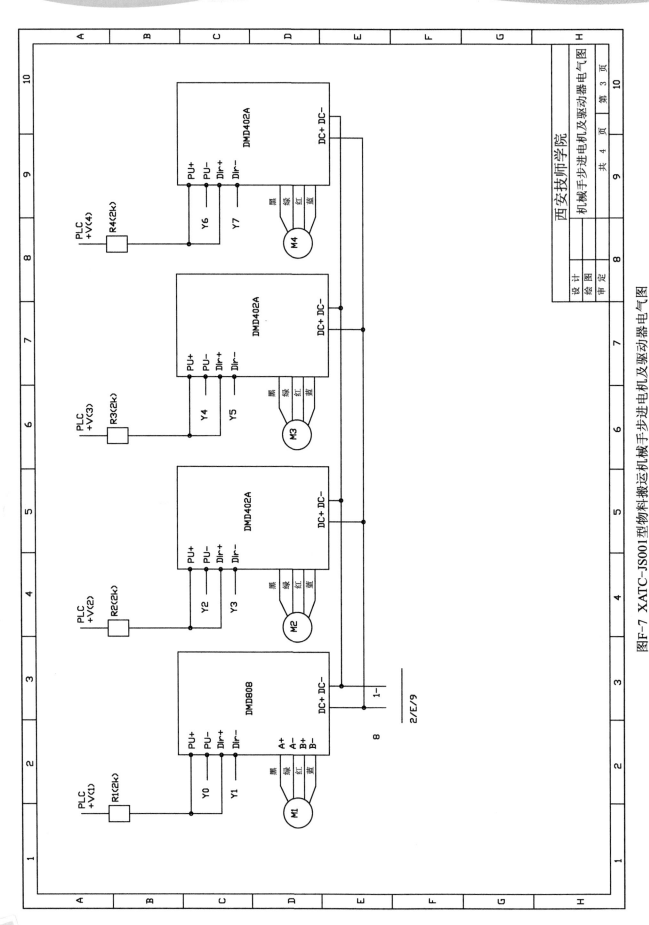

图F-7 XATC-JS001型物料搬运机械手步进电机及驱动器电气图

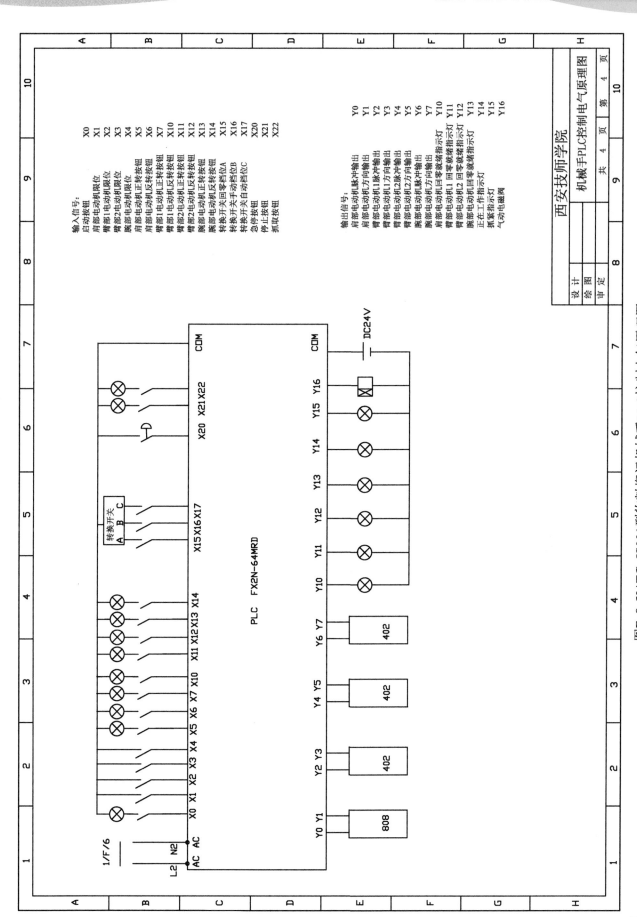

图F-8 XATC-JS001型物料搬运机械手PLC控制电气原理图

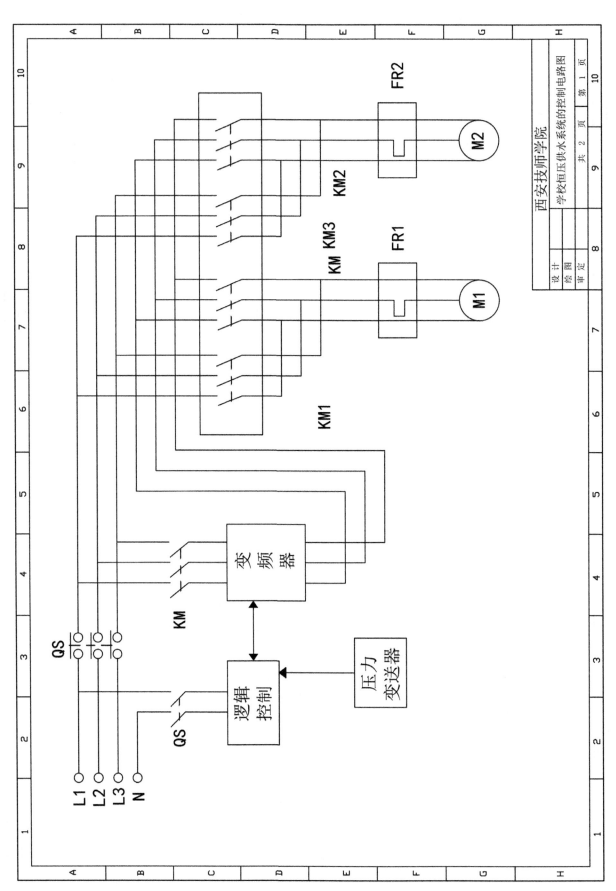

图F-9 学校恒压供水系统的主电路图

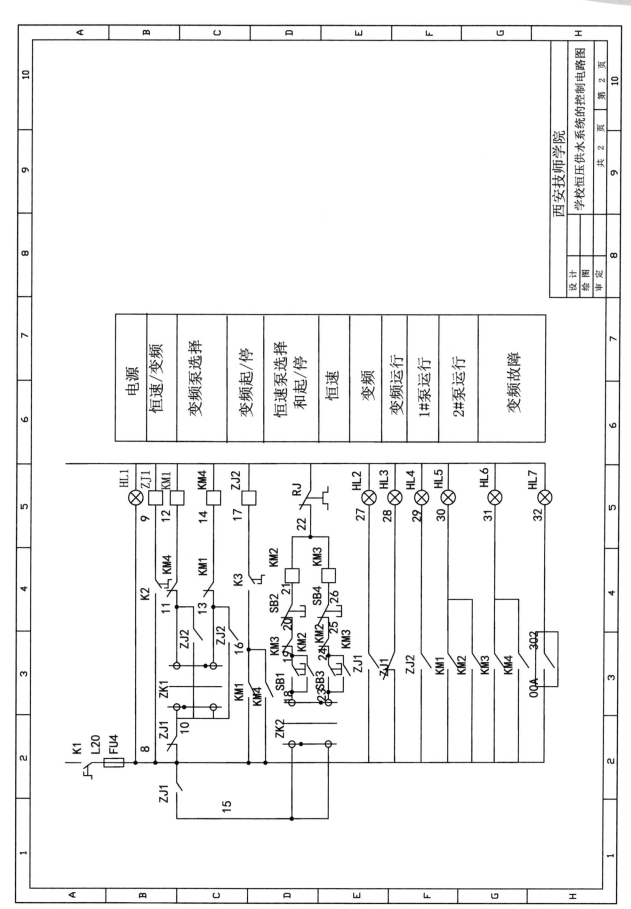

图F-10 学校恒压供水系统的控制电路图

附录二 常用电气图形及文字符号

名 称	新国标		旧国标	
	图形符号 GB/T 4728-1998~2000	文字符号 GB/T 7159-1987	图形符号 GB/T 4728-1984~1985	文字符号 GB/T 315-1964
直流	── 或 ───	DC	──	
交流	∼	AC	∼	
导线的连接	┬ 或 ┬		┬	
导线的双重连接	┴┬ 或 ┼		┴┬ 或 ┼	
导线的不连接	┼		┼	
接地的一般符号	⏚	E	⏚	
电阻的一般符号	优选型 ▭	R	▭	R
电容的一般符号	┤├	C	┤├	C
极性电容	±┤├		±┤├	
半导体二极管	▷├	VD	▷├	D
熔断器	▯	FU	▯	RD
发电机	Ⓖ	G	Ⓕ	F
交流发电机	Ⓖ∼	GA	Ⓕ∼	JF
电动机	Ⓜ	M	Ⓓ	D
直流电动机	Ⓜ̲	MD	Ⓓ̲	ZD

续表

名 称		新国标		旧国标	
		图形符号 GB/T 4728-1998~2000	文字符号 GB/T 7159-1987	图形符号 GB/T 4728-1984~1985	文字符号 GB/T 315-1964
交流电动机		(M ~)	MA	(D ~)	JD
直流电动机的绕组	换向绕组或补偿绕组	⌒⌒		H1⌒H2	HQ
	串励绕组	⌒⌒⌒		BC1⌒⌒BC2	BCQ
				C1⌒⌒C2	CQ
	并励绕组或他励绕组	⌒⌒⌒⌒		B1⌒⌒B2 并励	BQ
				T1⌒⌒⌒T2 他励	TQ
	电枢绕组	─○─		─■○■─	SQ
三相笼形异步电动机		(M 3~)	M	(○)	D
三相绕线型异步电动机		(M 3~)	M	(◎)	D
串励直流电动机		(M)	MD	(●)	ZD
他励直流电动机		(M)		(○)	
并励直流电动机		(M)		(○)	
复励直流电动机		(M)		(●)	

名称	新国标		旧国标	
	图形符号 GB/T 4728-1998~2000	文字符号 GB/T 7159-1987	图形符号 GB/T 4728-1984~1985	文字符号 GB/T 315-1964
单相变压器		T		B
控制电路电源用 变压器		TC		
照明变压器		T		ZB
整流变压器				ZLB
三相自耦变压器		T		ZD
单极开关				K
三极开关		QS		
刀开关				
组合开关				
手动三极开关				
三极隔离开关				
具有动合触点但 无自动复位的旋 转开关		QS		
限位开关 动合触点		SQ		XWK
限位开关 动断触点				

续表

名　称		新国标		旧国标	
		图形符号 GB/T 4728-1998~2000	文字符号 GB/T 7159-1987	图形符号 GB/T 4728-1984~1985	文字符号 GB/T 315-1964
双向机械操作					
速度继电器	转子		KS		SDJ
	常开触点				
	常闭触点				
带动合触点的按钮		E-			QA
带动断触点的按钮		E-	SB		TA
带动合和动断触点的按钮		E-			NA
接触器线圈					
接触器动合（常开）触点			KM		C
接触器动断（常闭）触点					
继电器动合（常开）触点			符号同操作元件		符号同操作元件
继电器动断（常闭）触点					

名　称	新国标		旧国标	
	图形符号 GB/T 4728-1998~2000	文字符号 GB/T 7159-1987	图形符号 GB/T 4728-1984~1985	文字符号 GB/T 315-1964
延时闭合 的动合触点		KT		SJ
延时断开 的动合触点				
延时闭合 的动断触点				
延时断开 的动断触点				
延时闭合和延时 断开的动合触点				
延时闭合和延时 断开的动断触点				
时间继电器线圈 （一般符号）		KA		
中间继电线圈	或			
欠电压继 电器线圈	U<	KV	V<	QYJ
过流继 电器线圈	I>	KI	I>	QLJ
欠电流继电线圈	I<	KI	I<	QLJ
热继电器驱动器		FR		RJ
热继电器 常闭触点				
电磁铁		YA		DCT
电磁吸盘		YH		DX
插头和插座		X		CZ

续表

名 称	新国标		旧国标	
	图形符号 GB/T 4728-1998~2000	文字符号 GB/T 7159-1987	图形符号 GB/T 4728-1984~1985	文字符号 GB/T 315-1964
照明	⊗	EL	⊗	ZD
信号灯		HL	⬤	XD
电抗器	或	L		DK
通电延时时间继电器线圈		KT		SJ
断电延时时间继电器线圈		KT		SJ
限定符号				
接触器功能			隔离开关功能	
位置开关功能			负荷开关功能	
操作方法				
一般情况下的手动操作				
旋转操作				
推动操作				

附录三　三菱FX2N系列PLC基本指令说明

助记符名称	功能	梯形图表示及可用元件
[LD]取	逻辑运算开始与左母线连接的常开触点	XYMSTC
[LDI]取反	逻辑运算开始与左母线连接的常闭触点	XYMSTC
[LDP]取脉冲上升沿	逻辑运算开始与左母线连接的上升沿检测	XYMSTC
[LDF]取脉冲下降沿	逻辑运算开始与左母线连接的下降沿检测	XYMSTC
[AND]与	串联连接常开触点	XYMSTC
[ANI]与非	串联连接常闭触点	XYMSTC
[ANDP]与脉冲上升沿	串联连接上升沿检测	XYMSTC
[ANDF]与脉冲下降沿	串联连接下降沿检测	XYMSTC
[OR]或	并联连接常开触点	SYMSTC
[ORI]或非	并联连接常闭触点	SYMSTC
[ORP]或脉冲上升沿	并联连接上升沿检测	SYMSTC
[ORF]或脉冲下降沿	并联连接下降沿检测	SYMSTC
[ANB]电路块与	并联电路块的串联连接	

续表

助记符名称	功能	梯形图表示及可用元件
[ORB电路块或]	并联电路块的并联连接	
[OUT]输出	线圈驱动指令	—(YMSTC)
[SET]置位	线圈接通保持指令	SET YMS
[RST]复位	线圈接通清除指令	RST YMSTCD
[PLS]上沿脉冲	上升沿微分输出指令	PLS YM
[PLF]下沿脉冲	下降沿微分输出指令	PLF YM
[MC]主控	公共串联点的连接线圈	MC N YM
[MCR]主控复位	公共串联点的清除指令	MCR N
[MPS]进栈	连接点数据入栈	MPS
[MRD]读栈	从堆栈读出连接点数据	MRD
[MPP]出栈	从堆栈读出数据并复位	MPP
[INV]反转	运算结果取反指令	INV
[NOP]空操作	无动作	变更程序中替代某些指令
[END]结束	顺序程序结束	顺控程序结束返回到0步

附录四　三菱FR-A500型变频器端子说明及基本操作

三菱FR-A500型变频器端子说明

端子记号	端子名称	说明	
R.S.T	交流电源输入	连接工频电源，当使用高功率因数转换器时，确保这些端子不连接（FR-HC）	
U.V.W	变频器输出	接三相鼠笼电机	
R1.S1	控制回路电源	与交流电源端子R、S连接。在保持异常显示和异常输出时或当使用高功率数转化器时（FR-HC）时。请拆下R-R1和S-S1之间的短路片，并提供外部电源到此端子	
P. PR	连接制动电阻器	拆开端子PR-PX之间的短路片，在P-PR之间连接选件制动电阻器（FR-ABR）	
P. N	连接制动单元	连接选件FR-BU型制动单元或电源再生单元（FR-RC）或高功率因数转换器（FR-HC）	
P. P1	连接改善功率因数DC电抗器	拆开端子P-P1间的短路片，连接选件改善功率因数用电抗器（FR-BEL）	
PR. PX	连接内部制动回路	用短路片将PX-PR间短路时（出厂设定）内部制动回路便生效（7.5K下装有）	
⏚	接地	变频器外壳接地用，必须接大地	

类型		端子记号	端子名称	说明	
输入信号	启动接点功能设定	STF	正转启动	STF信号处于ON便正转，处于OFF便停止.程序运行模式时为程序运行开始信号（ON开始，OFF为停止）	当STF和STR信号同时处于ON时，相当给出停止指令
		STF	反转启动	STR信号ON为逆转，OFF为停止	
		STOP	启动自保持选择	使STOP信号处于ON，可以选择启动信号自保持	
		RH.RM.RL	多段速度选择	用RH、RM和RL信号的组合可以选择多段选择	输出端子能选择（Pr.180到Pr.186）用于改变端子功能
		JOG	点动模式选择	JOG信号ON时选择点动运行（出厂设定）。用启动信号（STF和STR）可以点动运行	
		RT	第2加/减速时间选择	RT信号处于ON时选择第2加减速时间，设定了[第2力矩提升] [第2V/F（基底频率）]时，也可以用RT信号处于ON时选择这些功能	
		MRS	输出停止	MRS信号为ON（20 ms以上）时，变频器输出停止；用电磁制动停止电机时，用于断开变频器的输出	
		RES	复位	用于解除保护回路动作的保持状态.使端子RES信号处于ON在0.1 s以上，然后断开	
		AU	电流输入选择	只在端子AU信号处于ON时，变频器才可用直流4～20 mA作为频率设定信号	输出端子功能选择（Pr.180到Pr.186）用于改变端子功能
		CS	瞬停电再启动选择	CS信号预先处于ON，瞬时停电在回复时变频器便可自动启动，但用这种运行必须设定有关参数，因为出厂时设定为不能再启动	

续表

类型		端子记号	端子名称	说明	
输入信号	启动接点功能设定	SD	公共输入端子（漏型）	接点输入端子和FM端子的公共端，直流24 V，0.1 A（PC端子）电源的输出公共端	
		PC	直流24 V电源和外部晶体管公共端接点输入公共端（源型）	当连接晶体管输出（集电极开路输出），例如可编程控制器时，将晶体管输出的外部电源公共端接到这个端子时，可以防止因漏电引起的误动作，这段子可用于直流24 V，0.1 A电源输出。当选择源型时，这端子作为接点输入的公共端	
		10E	频率设定用电源	10 VDC容许负荷电流10 mA	按出厂设定状态连接频率时，与端子10连接；当连接刀10E时，请改变端子2的输入规格
		10		5 VDC容许负荷电流10 mA	
		2	频率设定（电压）	输入0~5 VDC（或0~10 VDC）对应与为最大输出功率，输入输出成比例。用参数单元进行输入直流0~5 V（出厂设定）和0~10 VDC的切换，输入阻抗10 kΩ，容许最大电流为直流20 V	
		4	频率设定（电流）	DC4~20 mA 20 mA为最大输出功率，输入输出成比例；只在端子AU信号处于ON时，该输入信号有效，输入阻抗250 Ω，容许最大电流为30 mA	
		1	辅助频率设定	输入0~±5 VDC或0~±10 VDC时，端子2或4的频率设定信号与这个信号相加。用参数单元进行输入0~±5 VDC或0~±10 VDC（出厂设定）的切换。输入阻抗10 kΩ，容许电压±20VDC。	
		5	频率设定公共端	频率设定信号（端子2、1或4）和模拟输出端子AM的公共端子，请不要接大地	

三菱FR-A500型变频器的基本操作

（1）PU显示模式，在PU模式下，按MODE键可改变PU显示模式，其操作如图F-11所示。

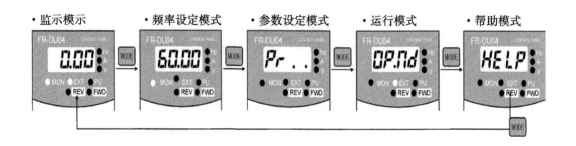

图F-11　改变PU显示模式的操作

（2）监示模式，在监示模式下，按SET键可改变监示类型，其操作如图F-12所示。

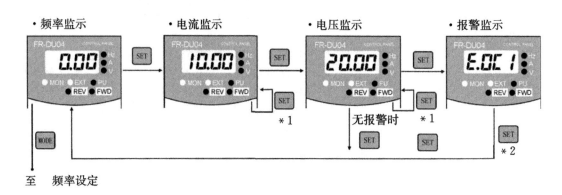

图F-12　改变监视类型的操作

（3）频率设定模式，在频率设定模式下，可改变设定频率，其操作如图F-13所示（将目前频率60 Hz设为50 Hz）。

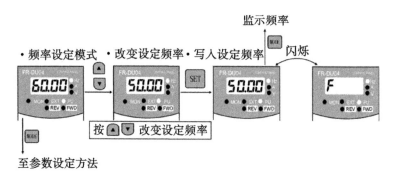

图F-13　改变设定频率的操作

（4）参数设定模式，在参数设定模式下，改变参数号及参数设定值时，可以用 ▲ 或 ▼ 键增减来设定，其操作如图F-14所示（将目前Pr.79=2改为Pr.79=1）。

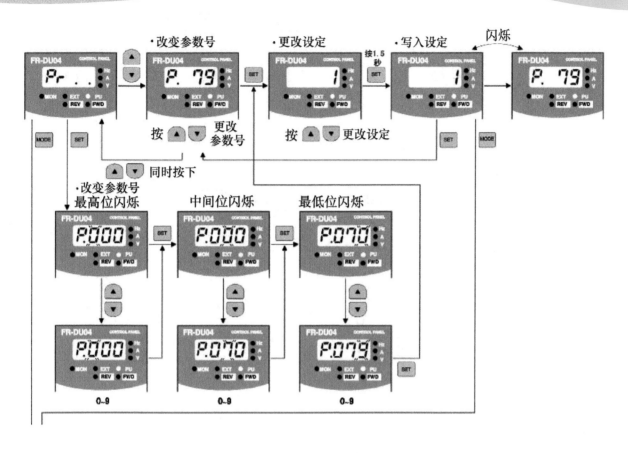

图F-14　参数设定的操作

（5）运行模式，在运行模式下，按 或 键可以改变操作模式，其操作如图F-15
所示。

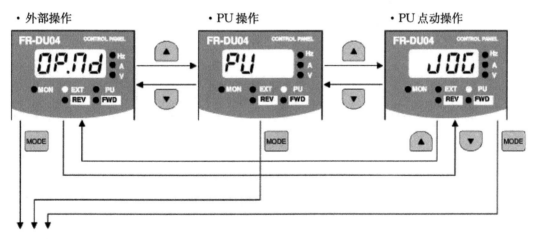

图F-15　改变操作模式的操作

（6）帮助模式，在帮助模式下，按 或 键可以依次显示报警记录、清除报警记
录、清除参数、全部清除、用户清除及读软件版本号，其操作如图F-16所示。

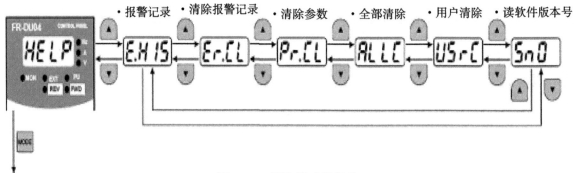

图F-16 帮助模式的操作

① 报警记录清除的操作如图F-17所示。

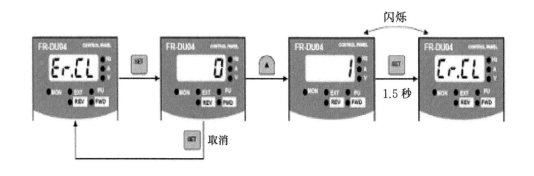

图F-17 报警记录清除的操作

② 全部清除的操作如图F-18所示。其他的操作，如报警记录、参数清除、用户清除的操作与上述操作相似。

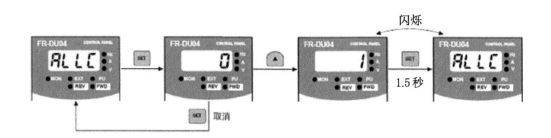

图F-18 全部清除的操作

参考文献

[1] 张万忠. 可编程控制器应用技术（2版）[M]. 北京：化学工业出版社，2005.

[2] 杨少华. 机电一体化设备的组装与调试[M]. 南宁：广西教育出版社，2009.

[3] 吴志敏，阳胜峰. 西门子PLC与变频器、触摸屏综合教程[M]. 北京：中国电力出版社，2009.

[4] 吕景泉. 自动化生产线安装与调试[M]. 北京：中国铁道出版社，2009.

[5] 曹祥. 电梯安装与维修实用技术[M]. 北京：电子工业出版社，2012.

[6] 余宁. 电梯安装与调试技术[M]. 南京：东南大学出版社，2011.

[7] 张培仁. 传感器原理、检测及应用[M]. 北京：清华大学出版社，2012.